国家出版基金项目
NATIONAL PUBLICATION FOUNDATION

"十三五"国家重点图书出版规划项目

水利水电工程信息化 BIM 丛书 | 丛书主编 张宗亮

HydroBIM-EPC总承包项目管理

张宗亮 主编

中国水利水电出版社
www.waterpub.com.cn
·北京·

内 容 提 要

本书系国家出版基金项目和"十三五"国家重点图书出版规划项目——《水利水电工程信息化 BIM 丛书》之《HydroBIM - EPC 总承包项目管理》分册。全书共 6 章，主要内容包括绪论、HydroBIM - EPC 工程总承包管理模式研究、HydroBIM - EPC 云服务搭建、HydroBIM - EPC 项目管理平台建设、JB 水电站 EPC 总承包应用实践、总结与展望。

本书可供水利水电工程技术人员和管理人员学习参考，也可供相关科研单位及高等院校的师生参考。

图书在版编目（CIP）数据

HydroBIM-EPC总承包项目管理 / 张宗亮主编. -- 北京：中国水利水电出版社，2023.6
（水利水电工程信息化BIM丛书）
ISBN 978-7-5226-1616-2

Ⅰ. ①H… Ⅱ. ①张… Ⅲ. ①水利水电工程－承包工程－项目管理－应用软件 Ⅳ. ①TV-39

中国国家版本馆CIP数据核字(2023)第122418号

书　　名	水利水电工程信息化 BIM 丛书 **HydroBIM－EPC 总承包项目管理** HydroBIM－EPC ZONGCHENGBAO XIANGMU GUANLI
作　　者	张宗亮　主编
出版发行	中国水利水电出版社 （北京市海淀区玉渊潭南路 1 号 D 座　100038） 网址：www.waterpub.com.cn E - mail：sales@mwr.gov.cn 电话：(010) 68545888（营销中心）
经　　售	北京科水图书销售有限公司 电话：(010) 68545874、63202643 全国各地新华书店和相关出版物销售网点
排　　版	中国水利水电出版社微机排版中心
印　　刷	北京印匠彩色印刷有限公司
规　　格	184mm×260mm　16 开本　12.25 印张　233 千字
版　　次	2023 年 6 月第 1 版　2023 年 6 月第 1 次印刷
印　　数	0001—1500 册
定　　价	**88.00 元**

《水利水电工程信息化 BIM 丛书》
编 委 会

《HydroBIM – EPC 总承包项目管理》
编　委　会

主　　编　张宗亮

副 主 编　刘兴宁　赵志勇　张社荣

参编人员　曹以南　严　磊　王　超　梁礼绘　张礼兵
　　　　　刘　涵　吴贵春　卢江龙　邓加林　杨建敏
　　　　　王枭华　潘　飞　邱世超　王华兴　孙钰杰
　　　　　祝安东　刘增辉　巩凯杰　刘　宽　赵于龙
　　　　　陈为雄

审　　稿　马智亮　王玉杰

编写单位　中国电建集团昆明勘测设计研究院有限公司
　　　　　天津大学

信息技术与工程深度融合
是水利水电工程建设发展
的重要方向！

中国工程院院士

马洪琪

2016年6月

序 一

　　信息技术与工程建设深度融合是水利水电工程建设发展的重要方向。当前，工程建设领域最流行的信息技术就是 BIM 技术，作为继 CAD 技术后工程建设领域的革命性技术，在世界范围内广泛使用。BIM 技术已在其首先应用的建筑行业产生了重大而深远的影响，住房和城乡建设部及全国三十多个省（自治区、直辖市）均发布了关于推进 BIM 技术应用的政策性文件。这对同属于工程建设领域的水利水电行业，有着极其重要的借鉴和参考意义。2019 年全国水利工作会议特别指出要"积极推进 BIM 技术在水利工程全生命期运用"。2019 年和 2020 年水利网信工作要点都对推进 BIM 技术应用提出了具体要求。南水北调、滇中引水、引汉济渭、引江济淮、珠三角水资源配置等国家重点水利工程项目均列支专项经费，开展 BIM 技术应用及 BIM 管理平台建设。各大流域水电开发公司已逐渐认识到 BIM 技术对于水电工程建设的重要作用，近期规划设计、施工建设的大中型水电站均应用了 BIM 技术。水利水电行业 BIM 技术应用的政策环境和市场环境正在逐渐形成。

　　作为国内最早开展 BIM 技术研究及应用的水利水电企业之一，中国电建集团昆明勘测设计研究院有限公司（以下简称"昆明院"）在中国工程院院士、昆明院总工程师、全国工程勘察设计大师张宗亮的领导下，打造了具有自主知识产权的 HydroBIM 理论和技术体系，研发了 Hydro-BIM 设计施工运行一体化综合平台，实现了信息技术与工程建设的深度融合，成功应用于百余项项目，获得国内外 BIM 奖励数十项。《水利水电工程信息化 BIM 丛书》即为 HydroBIM 技术的集大成之作，对 HydroBIM 理论基础、技术方法、标准体系、综合平台及实践应用进行了全面的阐述。该丛书已被列为国家出版基金项目和"十三五"国家重点图书出版规划项目，可为行业推广应用 BIM 技术提供理论指导、技术借鉴和实践经验。

　　BIM 人才被认为是制约国内工程建设领域 BIM 发展的三大瓶颈之

一。据测算，2019 年仅建筑行业的 BIM 人才缺口就高达 60 万人。为了破解这一问题，教育部、住房和城乡建设部、人力资源和社会保障部及多个地方政府陆续出台了促进 BIM 人才培养的相关政策。水利水电行业 BIM 应用起步较晚，BIM 人才缺口问题更为严重，迫切需要企业、高校联合培养高质量的 BIM 人才，迫切需要专门的著作和教材。该丛书有详细的工程应用实践案例，是昆明院十多年水利水电工程 BIM 技术应用的探索总结，可作为高校、企业培养水利水电工程 BIM 人才的重要参考用书，将为水利水电行业 BIM 人才培养发挥重要作用。

中国工程院院士 钟登华

2020 年 7 月

序　二

中国的水利建设事业有着辉煌且源远流长的历史，四川都江堰枢纽工程、陕西郑国渠灌溉工程、广西灵渠运河、京杭大运河等均始于公元前。公元年间相继建有黄河大堤等各种水利工程。中华人民共和国成立后，水利事业开始进入了历史新篇章，三门峡、葛洲坝、小浪底、三峡等重大水利枢纽相继建成，为国家的防洪、灌溉、发电、航运等方面作出了巨大贡献。

诚然，国内的水利水电工程建设水平有了巨大的提高，糯扎渡、小湾、溪洛渡、锦屏一级等大型工程在规模上已处于世界领先水平，但是不断变更的设计过程、粗放型的施工管理与运维方式依然存在，严重制约了行业技术的进一步提升。这个问题的解决需要国家、行业、企业各方面一起努力，其中一个重要工作就是要充分利用信息技术。在水利水电建设全行业实施信息化，利用信息化技术整合产业链资源，实现全产业链的协同工作，促进水利水电行业的更进一步发展。当前，工程领域最热议的信息技术，就是建筑信息模型（BIM），这是全世界普遍认同的，已经在建筑行业产生了重大而深远的影响。这对同属于工程建设领域的水利水电行业，有着极其重要的借鉴和参考意义。

中国电建集团昆明勘测设计研究院有限公司（以下简称"昆明院"）作为国内最早一批进行三维设计和 BIM 技术研究及应用的水利水电行业企业，通过多年的研究探索及工程实践，已形成了具有自主知识产权的集成创新技术体系 HydroBIM，完成了 HydroBIM 综合平台建设和系列技术标准制定，在中国工程院院士、昆明院总工程师、全国工程勘察设计大师张宗亮的领导下，昆明院 HydroBIM 团队十多年来在 BIM 技术方面取得了大量丰富扎实的创新成果及工程实践经验，并将其应用于数十项水利水电工程建设项目中，大幅度提高了工程建设效率，保证了工程安全、质量和效益，有力推动工程建设技术迈上新台阶。昆明院 Hydro-BIM 团队于 2012 年和 2016 年两获欧特克全球基础设施卓越设计大赛一等奖，将水利水电行业数字化信息化技术应用推进到国际领先水平。

　　《水利水电工程信息化 BIM 丛书》是昆明院十多年来三维设计及 BIM 技术研究与应用成果的系统总结，是一线工程师对水电工程设计施工一体化、数字化、信息化进行的探索和思考，是 HydroBIM 在水利水电工程中应用的精华。丛书架构合理，内容丰富，涵盖了水利水电 BIM 理论、技术体系、技术标准、系统平台及典型工程实例，是水利水电行业第一套 BIM 技术研究与应用丛书，被列为国家出版基金项目和"十三五"国家重点图书出版规划项目，对水利水电行业推广 BIM 技术有重要的引领指导作用和借鉴意义。

　　虽说 BIM 技术已经在水利水电行业得到了应用，但还仅处于初步阶段，在实际过程中肯定会出现一些问题和挑战，这是技术应用的必然规律。我们相信，经过不断的探索实践，BIM 技术肯定能获得更加完善的应用模式，也希望本书作者及广大水利水电同人们，将这一项工作继续下去，将中国水利水电事业推向新的历史阶段。

中国科学院院士

2020 年 7 月

序 三

BIM 技术是一种融合数字化、信息化和智能化技术的设计和管理工具。全面应用 BIM 技术能够将设计人员更多地从绘图任务中解放出来，使他们由"绘图员"变成真正的"设计师"，将更多的精力投入设计工作中。BIM 技术给工程界带来了重大变化，深刻地影响工程领域的现有生产方式和管理模式。BIM 技术自诞生至今十多年得到了广泛认同和迅猛发展，由建筑行业扩展到了市政、电力、水利、铁路、公路、水运、航空港、工业、石油化工等工程建设领域。国务院，住房和城乡建设部、交通运输部、工业和信息化部等部委，以及全国三十多个省（自治区、直辖市）均发布了关于推进 BIM 技术应用的政策性文件。

为了集行业之力共建水利水电 BIM 生态圈，更好地推动水利水电工程全生命期 BIM 技术研究及应用，2016 年由行业三十余家单位共同发起成立了水利水电 BIM 联盟（以下简称"联盟"），本人十分荣幸当选为联盟主席。联盟自成立以来取得了诸多成果，有力推动了行业 BIM 技术的应用，得到了政府、业主、设计单位、施工单位等的认可和支持。联盟积极建言献策，促进了水利水电行业 BIM 应用政策的出台。2019 年全国水利工作会议特别指出要"积极推进 BIM 技术在水利工程全生命期运用"。2019 年和 2020 年水利网信工作要点均对推进 BIM 技术应用提出了具体要求：制定水利行业 BIM 应用指导意见和水利工程 BIM 标准，推进 BIM 技术与水利业务深度融合，创新重大水利工程规划设计、建设管理和运行维护全过程信息化应用，开展 BIM 应用试点。南水北调工程在设计和建设中应用了 BIM 技术，提高了工程质量。当前，水利行业以积极发展 BIM 技术为抓手，突出科技引领，设计单位纷纷成立工程数字中心，施工单位也开始推进施工 BIM 应用。水利工程 BIM 应用已经由设计单位推动逐渐转变为业主单位自发推动。作为水利水电 BIM 联盟共同发起单位、执委单位和标准组组长单位的中国电建集团昆明勘测设计研究院有限公司（以下简称"昆明院"），是国内最早一批开展 BIM 技术研究及应用的水利水电企业。在领导层的正确指引下，昆明院在培育出大量水利水电 BIM 技术人才的同时，也形成了具有自主知识产权的以 HydroBIM 为核心的系列成果，研发了全生命周期的数字化管理平台，并成功运用到各大工程项目之中，真正实现了技术服务于工程。

《水利水电工程信息化 BIM 丛书》总结了昆明院多年在水利水电领域探索 BIM 的经验与成果，全面详细地介绍了 HydroBIM 理论基础、技术方法、标准体系、综合平台及实践应用。该丛书入选国家出版基金项目和"十三五"国家重点图书出版规划项目，是水利水电行业第一套 BIM 技术应用丛书，代表了行业 BIM 技术研究及应用的最高水平，可为行业推广应用 BIM 技术提供理论指导、技术借鉴和实践经验。

水利部水利水电规划设计总院正高级工程师
水利水电 BIM 联盟主席

2020 年 7 月

序　四

我国目前正在进行着世界上最大规模的基础设施建设。建设工程项目作为其基本组成单元，涉及众多专业领域，具有投资大、工期长、建设过程复杂的特点。20 世纪 80 年代中期以来，计算机辅助设计（CAD）技术出现在建设工程领域并逐步得到广泛应用，极大地提高了设计工作效率和绘图精度，为建设行业的发展起到了巨大作用，并带来了可观的效益。社会经济在飞速发展，当今的工程项目综合性越来越强，功能越来越复杂，建设行业需要更加高效高质地完成建设任务以保持行业竞争力。正当此时，建筑信息模型（BIM）作为一种新理念、新技术被提出并进入白热化的发展阶段，正在成为提高建设领域生产效率的重要手段。

BIM 的出现，可以说是信息技术在建设行业中应用的必然结果。起初，BIM 被应用于建筑工程设计中，体现为在三维模型上附着材料、构造、工艺等信息，进行直观展示及统计分析。在其发展过程中，人们意识到 BIM 所带来的不仅是技术手段的提高，而且是一次信息时代的产业革命。BIM 模型可以成为包含工程所有信息的综合数据库，更好地实现规划、设计、施工、运维等工程全生命期内的信息共享与交流，从而使工程建设各阶段、各专业的信息孤岛不复存在，以往分散的作业任务也可被其整合成为统一流程。迄今为止，BIM 已被应用于结构设计、成本预算、虚拟建造、项目管理、设备管理、物业管理等诸多专业领域中。国内一些大中型建筑工程企业已制定符合自身发展要求的 BIM 实施规划，积极开发面向工程全生命期的 BIM 集成应用系统。BIM 的发展和应用，不仅提高了工程质量、缩短了工期、提升了投资效益，而且促进了产业结构的优化调整，是建筑工程领域信息化发展的必然趋势。

水利水电工程多具有规模大、布置复杂、投资大、开发建设周期长、参与方众多及对社会、生态环境影响大等特点，需要全面控制安全、质量、进度、投资及生态环境。在日益激烈的市场竞争和全球化市场背景下，建立科学高效的管理体系有助于对水利水电工程进行系统、全面、现代化的决策与管理，也是提高工程开发建设效率、降低成本、提高安全性和耐久性的关键所在。水利水电工程的开发建设规律和各主体方需求与建筑工程极其相似，如果 BIM 在其中能够得以应用，必然将使建设效率得到极大提高。目前，国内部分水利水电勘测设计单位、施工单位在 BIM 应用方面已进行了有益的探索，开展了诸如多专业三维协同设计、自动出图、设计性能分析、5D 施工模拟、施工现场管理等应用，取得了较传统技术不可比拟的优势，值得借鉴和推广。

中国电建集团昆明勘测设计研究院有限公司（以下简称"昆明院"）自 2005 年接触 BIM，便开始着手引入 BIM 理念，已在百余工程项目中应用 BIM，得到了业主和业界的普遍好评。与此同时，昆明院结合在 BIM 应用方面的实践和经验，将 BIM 与互联网、物联网、云计算技术、3S 等技术相融合，结合水利水电行业自身的特点，打造了具有自主知识产权的集成创新技术 HydroBIM，并完成 HydroBIM 标准体系建设和一体化综合平台研发。《水利水电工程信息化 BIM 丛书》的编写团队是昆明院 BIM 应用的倡导者和实践者，丛书对 HydroBIM 进行了全面而详细的阐述。本丛书是以数字化、信息化技术给出了工程项目规划设计、工程建设、运行管理一体化完整解决方案的著作，对大土木工程亦有很好的借鉴价值。本丛书入选国家出版基金项目和"十三五"国家重点图书出版规划项目，体现了行业对其价值的肯定和认可。

现阶段 BIM 本身还不够完善，BIM 的发展还在继续，需要通过实践不断改进。水利水电行业是一个复杂的行业，整体而言，BIM 在水利水电工程方面的应用目前尚属于起步阶段。我相信，本丛书的出版对水利水电行业实施基于 BIM 的数字化、信息化战略将起到有力的推动作用，同时将推进与 BIM 有机结合的新型生产组织方式在水利水电企业中的成功运用，并将促进水利水电产业的健康和可持续发展。

清华大学教授，BIM 专家

2020 年 7 月

水利水电工程是重要的国民基础建设，现代水利工程除了具备灌溉、发电功能之外，还实现了防洪、城市供水、调水、渔业、旅游、航运、生态与环境等综合应用。水利行业发展的速度与质量，宏观上影响着国民经济与能源结构，微观上与人民生活质量息息相关。

改革开放以来，水利水电事业发展如火如荼，涌现了许许多多能源支柱性质的优秀水利水电枢纽工程，如糯扎渡、小湾、三峡等工程，成绩斐然。然而随着下游流域开发趋于饱和，后续的水电开发等水利工程将逐渐向西部上游区域推进。上游流域一般地理位置偏远，自然条件恶劣，地质条件复杂，基础设施相对落后，对外交通条件困难，工程勘察、施工难度大，这些原因都使得我国水利水电发展要进行技术革新以突破这些难题和阻碍。解决这个问题需要国家、行业、企业各方面一起努力。水利部已经发出号召，在水利领域内大力发展 BIM 技术，行业内各机构和企业纷纷响应。利用 BIM 技术可以整合产业链资源，实现全产业链的协同工作，促进行业信息化发展，已经在建筑行业产生了重大影响。对于同属工程建设领域的水利水电行业，BIM 技术发展起步相对较晚、发展缓慢，如何利用 BIM 技术将水利水电工程的设计建设水平推向又一个全新阶段，使水利水电工程的设计建设能够更加先进、更符合时代发展的要求，是水利人一直以来所要研究的课题。

中国电建集团昆明勘测设计研究院有限公司（以下简称"昆明院"）于 1957 年正式成立，至今已有 60 多年的发展历史，是世界 500 强中国电力建设集团有限公司的成员企业。昆明院自 2005 年开始三维设计及 BIM 技术的应用探索，在秉承"解放思想、坚定不移、不惜代价、全面推进"的指导方针和"面向工程、全员参与"的设计理念下，开展 BIM

正向设计及信息技术与工程建设深度融合研究及实践，在此基础上凝练提出了 HydroBIM，作为水利水电工程规划设计、工程建设、运行管理一体化、信息化的最佳解决方案。HydroBIM 即水利水电工程建筑信息模型，是学习借鉴建筑业 BIM 和制造业 PLM 理念和技术，引入"工业4.0"和"互联网＋"概念和技术，发展起来的一种多维（3D、4D－进度/寿命、5D－投资、6D－质量、7D－安全、8D－环境、9D－成本/效益……）信息模型大数据、全流程、智能化管理技术，是以信息驱动为核心的现代工程建设管理的发展方向，是实现工程建设精细化管理的重要手段。2015 年，昆明院 HydroBIM® 商标正式获得由原国家工商行政管理总局商标局颁发的商标注册证书。HydroBIM 与公司主业关系最贴切，具有高技术特征，易于全球流行和识别。

经过十多年的研发与工程应用，昆明院已经建立了完整的 Hydro-BIM 理论基础和技术体系，编制了 HydroBIM 技术标准体系及系列技术规程，研发形成了"综合平台＋子平台＋专业系统"的 HydroBIM 集群平台，实现了规划设计、工程建设、运行管理三大阶段的工程全生命周期 BIM 应用，并成功应用于能源、水利、水务、城建、市政、交通、环保、移民等多个业务领域，极大地支撑了传统业务和多元化业务的技术创新与市场开拓，成为企业转型升级的利器。HydroBIM 应用成果多次荣获国际、国内顶级 BIM 应用大赛的重要奖项，昆明院被全球最大 BIM 软件商 Autodesk Inc. 誉为基础设施行业 BIM 技术研发与应用的标杆企业。

昆明院 HydroBIM 团队完成了《水利水电工程信息化 BIM 丛书》的策划和编写。在十多年的 BIM 研究及实践中，工程师们秉承"正向设计"理念，坚持信息技术与工程建设深度融合之路，在信息化基础之上整合增值服务，为客户提供多维度数据服务、创造更大价值，他们自身也得到了极大的提升，丛书就是他们十多年运用 BIM 等先进信息技术正向设计的精华大成，是十多年来三维设计及 BIM 技术研究与应用创新的系统总结，既可为水利水电行业管理人员和技术人员提供借鉴，也可作为高等院校相关专业师生的参考用书。

丛书包括《HydroBIM－数字化设计应用》《HydroBIM－3S 技术集成应用》《HydroBIM－三维地质系统研发及应用》《HydroBIM－BIM/CAE 集成设计技术》《HydroBIM－乏信息综合勘察设计》《HydroBIM－

厂房数字化设计》《HydroBIM－升船机数字化设计》《HydroBIM－闸门数字化设计》《HydroBIM－EPC 总承包项目管理》等。2018 年，丛书入选"十三五"国家重点图书出版规划项目。2021 年，丛书入选 2021 年度国家出版基金项目。丛书有着开放的专业体系，随着信息化技术的不断发展和 BIM 应用的不断深化，丛书将根据 BIM 技术在水利水电工程领域的应用发展持续扩充。

丛书的出版得到了中国水电工程顾问集团公司科技项目"高土石坝工程全生命周期管理系统开发研究"（GW－KJ－2012－29－01）及中国电力建设集团有限公司科技项目"水利水电项目机电工程 EPC 管理智能平台"（DJ－ZDXM－2014－23）和"水电工程规划设计、工程建设、运行管理一体化平台研究"（DJ－ZDXM－2015－25）的资助，在此表示感谢。同时，感谢国家出版基金规划管理办公室对本丛书出版的资助；感谢马洪琪院士为丛书题词，感谢钟登华院士、陈祖煜院士、刘志明副院长、马智亮教授为本丛书作序；感谢丛书编写团队所有成员的辛勤劳动；感谢欧特克软件（中国）有限公司大中华区技术总监李和良先生和中国区工程建设行业技术总监罗海涛先生等专家对丛书编写的支持和帮助；感谢中国水利水电出版社为丛书出版所做的大量卓有成效的工作。

信息技术与工程深度融合是水利水电工程建设发展的重要方向。BIM 技术作为工程建设信息化的核心，是一项不断发展的新技术，限于理解深度和工程实践，丛书中难免有疏漏之处，敬请各位读者批评指正。

丛书编委会

2021 年 2 月

工程总承包（Engineering Procurement Construction，EPC）是指公司受业主委托，按照约定对工程建设项目的设计、采购、施工、试运行等实行全过程或若干阶段的承包。EPC 模式能够充分发挥设计在整个工程建设过程中的主导作用，有效克服设计、采购、施工相互制约和脱节的矛盾，因此被广泛应用于工程项目的管理中。

中国电建集团昆明勘测设计研究院有限公司（以下简称"昆明院"）在水利水电工程建设中广泛采用工程总承包模式（主要以 EPC 管理模式为主），并且在 EPC 管理模式下，工程项目的投资、安全、质量、进度都得到了很好的管控，获得了业主的一致好评。在此基础上，昆明院结合多年的工程建设管理经验，提出了适用于水利水电工程建设管理的 HydroBIM - EPC 总承包管理模式，通过集成项目、进度、费用等多项管理内容，实现了 HydroBIM 与 EPC 总承包模式的有机结合，提高了工程精细化管理水平，缩短了项目工期，降低了投资费用，提高了工程质量。同时，以创建的水利水电工程 HydroBIM 模型为基础，在管理过程中不断丰富模型语义信息，为业主在项目的运行维护管理阶段提供数据支持。

全书共 6 章。第 1 章介绍了水利水电行业管理现状以及工程总承包模式发展的驱动因素、工程总承包模式的价值导向和应用前景。第 2 章介绍了 HydroBIM - EPC 工程总承包管理模式研究，包括 EPC 总承包模式应用分析、HydroBIM 在工程三大目标控制中的优势及 HydroBIM - EPC 工程总承包管理模式研究。第 3 章介绍了 HydroBIM - EPC 云服务搭建，包括硬件基础设施建设、云数据中心建设、安全与保障等内容。第 4 章介绍了 HydroBIM - EPC 项目管理平台建设，包括平台总体设计、平台方案设计和平台功能模块设计等内容。第5章介绍了JB水电站EPC总承包应用实践，从HydroBIM应用概况、HydroBIM模型创建及信息升值、HydroBIM-EPC信息管理系统的应用实践等方面展开论述。第6章对全书内容进行了总结，并给出了对未来的展望。

本书在编写过程中得到了昆明院各级领导和同事的大力支持和帮助，同时得到了天津大学建筑工程学院水利水电工程系的鼎力支持。中国水利水电出版社也为本书的出版付出诸多辛劳。在此一并表示衷心感谢！

由于作者水平有限，书中难免有疏漏之处，敬请读者批评指正。

作者

2022年12月

目 录

第 1 章

绪　　论

1.1　水利水电行业管理现状

1.1.1　传统水利水电行业管理漏洞

水利水电工程是我国基础设施行业的重要组成部分，也是保障我国国民经济发展的重要基础。水利水电工程不仅直接关系到防洪安全、粮食安全、供水安全，还与国家安全、经济安全、生态安全紧密相关。水利水电工程因其特有的建设环境、建设规模与价值属性，不可避免地存在一些问题，如部分管理人员未依据相关的施工规定或条例展开工程项目管理工作，进而在一定程度上影响了工程质量。一般而言，水利水电工程规模大，在项目建设管理中，管理人员的数量和精力都受到一定的限制，同时项目资金的审核层级较多，可能造成在资金下拨到施工单位的过程中出现款项延后的情况，影响工程施工进度。因此在水利水电工程建设中，选择适当的管理模式极为重要。

我国传统的水利水电建设项目一般采用设计—招标—建造（Design‐Bid‐Build，DBB）的工程项目管理模式。此模式中设计方、监理方、供应商、施工方均由业主协调管理。这种管理模式下业主的管理、协调难度比较大，对业主自身管理能力要求较高，因此这种管理模式通常适用于有专业管理团队和丰富实践经验的业主单位。在传统管理模式下，设计单位和施工单位之间没有任何经济上的利害关系，它们都直接对业主负责，所以业主要花费大量时间与设计、施工单位沟通协调项目实施过程中出现的问题，在这个过程中就不可避免地会出现以下问题：

（1）由于建设项目的单件性特点，设计院的施工图带有很强的通用性，针对具体的建设项目，施工图设计会有很多问题出现，施工单位在施工时总是被动地去完善施工图设计，不利于鼓励创新。

（2）设计单位对施工方法和施工工艺的了解往往落后于施工单位，新工法工艺不能直接反映在施工图设计中，不利于新技术的推广和利用。

（3）在工程量清单计价模式下，业主根据设计单位提供的施工图编制工程量清单，但由施工图测算的工程量往往不够准确。

（4）《建设工程工程量清单计价规范》（GB 50500—2013）规定，承包商只对自己的分部分项工程综合单价负责，业主对工程量负责。所以承包商在投标时利用自己在施工方面的经验，采用相应的报价策略就会将自身利润放大。

DBB模式作为传统的工程建设管理模式，在国际上比较通用。世界银行、亚洲开发银行贷款项目以及国际咨询工程师联合会（Fédération Internationale Des Ingénieurs Conseils，FIDIC）所投资或管理的项目均采用这种模式。其最突出的特点是强调工程项目的实施必须按设计—招标—建造的顺序进行，只有一个阶段结束后另一个阶段才能开始。采用这种模式时，业主与设计机构（建筑设计师、结构设计师等）签订专业服务合同，建筑设计师、结构设计师等负责提供项目的设计和施工文件。在设计机构的协助下，通过竞争性招标将工程施工任务交给报价和质量都满足要求且最具资质的投标人（总承包商）来完成。在施工阶段，设计专业人员通常担任重要的监督角色，是业主与承包商沟通的桥梁。

DBB模式在项目管理方面的技术基础是按照线性顺序进行设计、招标、施工的管理。该模式建设周期长，投资成本容易失控，业主单位管理的成本相对较高，建筑设计师、结构设计师等与承包商之间协调比较困难。由于施工单位无法参与设计工作，设计的可施工性差，设计变更频繁，导致设计与施工的协调困难，可能发生争端，使业主利益受损。

传统模式典型组织结构如图1.1-1所示，在典型模式下，又演变出平行承发包模式和施工总承包模式，如图1.1-2、图1.1-3所示。所谓平行承发包，是指业主将建筑工程的设计、施工以及材料设备采购的任务经过分解分别发包给若干个设计单位、施工单位和材料设备供应单位，并分别与各方签订合同。各设计单位之间的关系是平行的，各施工单位之间的关系也是平行的，各材料设备供应单位之间的关系也是平行的。而施工总承包是指业主将全部施工任务发包给具有施工承包资质的建筑企业，由施工总承包企业按照合同的约定向建设单位负责，承包完成施工任务。根据《中华人民共和国建筑法》规定，大型建筑工程或者结构复杂的建筑工程，可以由两个以上的承包单位联合共同承包。

1.1.2 水利水电行业项目管理体制的发展

政治经济体制的变革、利益的诉求、科学技术的发展和立法的保障是建筑

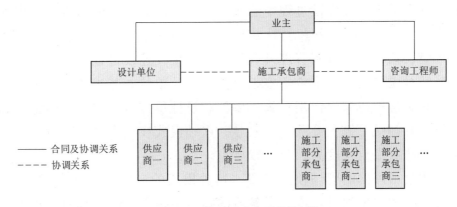

图 1.1-1 传统模式典型组织结构

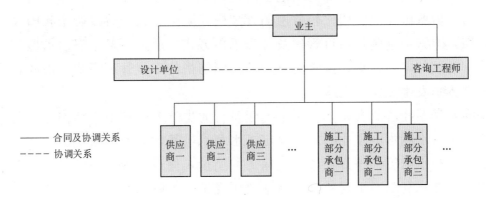

图 1.1-2 平行承发包模式

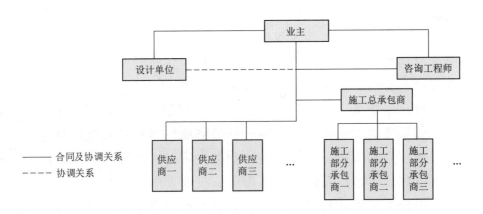

图 1.1-3 施工总承包模式

工程项目管理体制改革与创新的动因。随着我国建筑工程管理领域改革的深化和市场经济体制的逐步建立，建筑工程项目管理体制向着加快企业产权制度改革、优化产业结构、加强技术创新的方向改革与发展。我国建筑工程项目管理体制的制度变迁大致经历以下四个阶段：

（1）业主自营制管理模式阶段。早期，我国经济发展落后、建设施工水平

3

低，业主完全承担工程建设过程中的所有工作，依靠自己的力量，不借助第三方全揽施工。这种模式组织机构比较单一，而且业主本身承担全部建设风险。

（2）甲、乙、丙三方制管理模式阶段。在工程建设过程中分为甲、乙、丙三方，分别对应的是建设单位、施工单位及设计单位。其中建设单位由政府负责组建，起到总领协调的作用；施工单位和设计单位负责具体工程施工和工程设计工作，并都受上级主管部门的领导。这种模式在整个工程建设过程中最大的特点就是政府参与程度高，介入较严重。

（3）建设指挥部制管理模式阶段。这种模式的应用源自20世纪70年代，当时针对一些大中型项目，成立了各自的临时指挥部，指挥部单纯负责工程建设，一旦工程完工，指挥部的功能也随之消失、不复存在。

（4）借鉴国际上应用比较普遍的管理模式阶段。这个阶段始于我国改革开放时期，国家引进国际项目管理及工程承包方式，通过不断学习、借鉴和总结经验，尝试与国际接轨，探索建立适合我国国情的工程管理模式，由此我国建设管理体制发生了质的飞跃。

随着我国经济的发展，水利水电建筑行业生产方式和组织结构也发生了深刻的变化，水利水电事业的地位决定了水利水电基础设施的重要性。因此，如何加强水利水电工程项目管理、确保工程质量，促进我国经济发展是一个重大课题。我国水利水电工程项目管理主要历经了三个阶段：

第一阶段，是指从1949年到20世纪80年代，即我国水利水电建设管理体制的建设初期。这一时期，我国主要的经济体制是计划经济，水利水电工程的建设主要由国家负责，包括工程建设资金的调拨、工程建设队伍的确定乃至工程实施的材料都是由国家进行垄断性的管理。在此时期，我国建设的水电站主要有丹江口、龚嘴、东风、刘家峡和龙羊峡等。

第二阶段，是指从20世纪80年代到90年代中期。这一时期改变了第一阶段国家自营形式的管理方式，开始试行经济承包制并对水电建设管理体制改革进行全面的探索和实践。这一时期，我国先后以这种管理模式建设了一系列的水电站。例如，吉林红石水电站是由国家投资、中国水利水电第一工程局全面承包的水电建设工程，其后一系列水电站工程项目均采用这种承包制建设模式，也相继实行了投资包干的经济责任制度。云南鲁布革水电站是这一时期最具代表性的水利水电工程。该工程从1984年开始，历时四年于1988年正式完工。该工程作为我国这一时期工程建设的典范工程，受到政府相关部门的高度重视。鲁布革工程施工体制的出现，提出了以智力密集型工程总承包公司为带动龙头、以专业的工程施工队伍为中坚依托，全民制与集体制、工程总包与工程分包、工程前方与工程后方有机分工协作和互为补充的施工企业组织结构。

可以说，鲁布革工程是市场经济条件下，对传统工程建设管理模式的一次巨大冲击。这种以市场为取向，将市场经济的原则、办法逐步引进到水利水电建设管理中的方法成了这个时期我国工程建设的主要模式。这一时期我国的主要水电工程项目有鲁布革、二滩、水口、五强溪、葛洲坝、漫湾等。

第三阶段，起始于 20 世纪 90 年代中后期，这个阶段我国在一定程度上实现了新型市场管理体制的建立，因此被称为现行体制的形成时期。这一时期以1995 年"二滩水电开发公司"改组成为"二滩水电开发有限责任公司"为标志，提出了建立规范、合理的综合总包、专业承包、劳务分包的工程建设体系，推动诸多大型重点骨干企业的改革发展，使其成为资金、管理与技术三者密集型，具备设计和施工一体化、投资和建设一体化、国内和国际一体化的重点龙头企业，成为带动水利水电行业生产水平迅速提高的中坚力量和拓展国际工程承包市场的主导力量。经过多年的探索实践，我国大型工程施工企业的总承包管理水平日益提高，并出现了众多水利水电工程总承包项目管理模式下的应用典范。当然这一时期还在历史的进行过程中，需要人们不断地实践、积累经验、进行改革并且不断地完善。国家电力公司的分支和最新成立的一批流域开发公司是这一时期的主要代表，这些公司已经开始具备现代企业的一些标志与特征，并且按照流域、梯级、滚动、综合开发的思路开展工作。

1.1.3　EPC 总承包模式研究现状

1. 国外研究现状

20 世纪 60 年代，随着建设项目的规模和复杂程度越来越大，传统的管理模式生产效率较低，已经无法满足建设单位的需求，在这样的背景环境下，EPC 模式应运而生。总承包单位利用集成优势，对项目进行全过程的统筹规划，解决了传统模式下设计施工分离的弊端，受到建设单位的推崇，在 20 世纪后半叶快速发展并得到广泛使用。国外学者一直都将 EPC 工程总承包模式作为 DB（Design - Build，设计—建造）模式的一种类型，而并未将其作为一种独立的工程管理模式。直至 1999 年，FIDIC 在工程实践中逐渐意识到 EPC模式与 DB 模式的区别，故将原有的《设计—建造与交钥匙工程合同条件》分离为《工程设备和设计—施工合同条件》与《设计施工采购（EPC）/交钥匙工程合同条件》两个相互独立的合同条件，从而明确了 EPC/交钥匙模式在工程承包模式体系中的独立地位。近几年，随着 EPC 模式在世界各国大型、特大型工程中的应用越来越广泛，大量国外专家、学者对 EPC 的组织结构、项目造价、进度管理、质量管理、风险管控、信息管理等方面都进行了深入的研究。

Steven 等（2004）将 EPC 与传统的 DBB 模式进行横向对比，指出 EPC 模式可以消除设计、采购、施工之间的沟通障碍，增强沟通传递的效率，为 EPC 项目缩短工期、降低工程造价提供了有力保障。Edwin（2012）指出 EPC 项目的参建各方都需要将思维从传统模式中跳脱出来，通过区分 EPC、DB、DBB 三者承发包模式的异同点，才能把握项目管理本质，并特别指出，EPC 承包单位需注重设计管理的时效性。Howrad（2016）在其出版的 *Understanding and Negotiating EPC Contracts* 一书中针对工程总承包模式进行了系统性的研究，总结出 EPC 项目的特点，并围绕这些特点，阐述了 EPC 模式的管理要点。Dixit 等（2018）采用清晰方法、FMO（fuzzy multi‐objective）方法、CMO（crisp multi‐objective）方法三种不同的模糊建模方法对 EPC 项目采购活动的持续时间、订货到交货所隔时间以及预算限制进行估算，并对三种模糊建模方法进行比较。

可以说，国外对于工程总承包模式的研究起步较早，通过几十年的实际运用，经验已相当丰富。近年来，EPC 模式更是以无可比拟的优势成为国外工程项目的选择对象。

2. 国内研究现状

2018 年 12 月，全国住房和城乡建设工作会议指出需要积极推进工程总承包、全过程工程咨询。2019 年 3 月，住房和城乡建设部发布《住房和城乡建设部建筑市场监管司 2019 年工作要点》（建市综函〔2019〕9 号）。2019 年 12 月，住房和城乡建设部、国家发展和改革委员会进一步推行工程总承包并出台《房屋建筑和市政基础设施项目工程总承包管理办法》（建市规〔2019〕12 号），修订工程总承包合同示范文本。总承包模式在我国建设市场得到了较大发展，特别是在水利、水电、石化、光伏等领域占有了主要市场份额。据住房和城乡建设部发布的《2020 年全国工程勘察设计统计公报》可知，2020 年全国工程勘察设计总营收 72496.7 亿元，净利润 2512.2 亿元。与工程勘察收入、工程设计收入以及其他工程咨询收入相比，工程总承包收入最高，为 33056.6 亿元。自 2016 年 1 月到 2019 年 12 月，我国承包商在国内外使用 EPC 方式承包的工程类项目共 414 项，且呈现逐年递增的趋势，EPC 模式具有广阔的市场发展空间。

在 EPC 模式的概念上，武菲菲等（2015）对国际上通行的工程总承包模式进行了论述，着重介绍了此类模式的优越性，分析并判断了我国推行工程总承包模式的可行性和必要性，并为总承包模式在我国的发展提供了研究方向。荣世立（2018）回顾了自改革开放以来我国推行 EPC 模式的历程，并认为单一责任主体、固定总价合同、设计主导地位、设计采购施工三者深度融合是

EPC 模式实施的必要条件，但凡有一项缺失，都无法发挥 EPC 的特点。陆秋虹（2011）紧密结合建筑业经济活动特点，运用价值链理论，采用理论分析与实证分析相结合的研究方法，系统深入地研究了建筑业产品的价格问题，进而结合工程实际研究和发展了高附加价值化的 EPC 经营方式的价值增值空间和运作管理技术，对建筑业产业政策制定和大型建筑企业经营战略决策制定提供了重要的理论基础。针对设计单位为主体的 EPC 总承包管理模式，周越飞（2011）分析了传统建设承发包模式无法适应建设单位的需求因素，并以上海现代建筑设计集团利用自身设计优势实施 EPC 工程总承包模式为例，实现全过程业务能力提升，为大型设计单位转型成为国际工程总承包公司提供了可行性的建议。

在研究方法方面，王铁钢（2017）运用决策试验分析法，建立了 EPC 管理模式效果评价模型，在对某 EPC 总承包项目进行评价后，得出了其实施 EPC 管理模式的效果无法达到预期目标的结论，原因在于设计、采购、施工三者之间的交叉度较差。因此，针对发现的问题提出了解决方案，即在交叉融合的过程中，需要不同部门以整体的利益为导向进行沟通协调。廖惠（2018）将 EPC 管理模式与装配式建筑相结合，通过工作分解法（WBS），为基于 EPC 管理模式的装配式建筑搭建了成本控制体系。高浪（2014）在 EPC 总承包项目中引入了 BIM 技术，通过项目各方实时交流和共享工程项目数据，解决了 EPC 总承包项目各阶段之间信息流失和交流障碍问题，从而帮助业主合理控制项目成本。李辉山等（2020）采用 Grey-DEMATEL 法从政府、业主、总承包商和其他外部环境四个方面分析制约我国建筑业推行 EPC 模式因素间的主要因素，并在此基础上分析了各因素的敏感性，得到 EPC 相关法律法规不完善、工程咨询监理与 EPC 总承包的要求不匹配是制约发展的最重要原因的结论，要使 EPC 模式在我国真正落地，需要政府不断完善法律法规、业主改变传统观念、总承包方加强人才建设。

在研究应用方面，中国电建集团昆明勘测设计研究院有限公司（以下简称"昆明院"）首次提出了 HydroBIM-EPC 工程总承包管理模式，研发了 HydroBIM-EPC 项目管理系统，全面整合了云平台、数据库、工作流等关键技术，实现了水利水电工程 EPC 项目的合同、策划、进度、质量、费用、招标采购等高效统一，建立了规范协调的全过程、全方位信息管理和控制机制。中国电建集团华东勘测设计研究院有限公司（以下简称"华东院"）通过创新工程总承包理念，实现了工程项目的规范管理，工程项目的现场质量管理、进度管理、HSE（Health Safety Environment）管理、文明施工等都达到了行业新高度。此外，华东院还自主开发了工程总承包项目的全过程管理平台——工程项目管理系统，以及工程总承包项目现场综合管控云平台、BIM 系统等，将设计理念和工程技术、施工方案充分融合，通过信息化管理和数字化手段的应用，固化工程总承包项目管理的程序和流程，实现了项目的标准化和规范化管理，打造数字化工程，为工程全生命周期管理奠定基础。中国电建集团北京勘测设计研究院有限公司（以下简称"北京院"）针对传统项目管理方式存在的问题，开发了致力于规范化、科学化、标准化的 EPC 项目管理平台，实现了人力资源、材料、设备等多项内容的管理，充分发挥了 BIM 技术在项目管理中施工模拟和方案优化、精确量算和成本控制、现场整合和系统工作、数字化交付等多重应用价值。

1.2　工程总承包模式的核心优势

1.2.1　工程总承包模式发展的驱动因素

工程建筑业因其良好的市场发展前景，以及对建材、冶金、化工、石油、森林、机械、土建等多个相关产业的带动作用，已经成为各国的支柱产业之一。随着经济全球化的进一步加深，全球产业结构的全面调整，各个国家和地区为了改善投资环境，都在努力增加基础设施领域投入以吸引更多的跨国投资。

21 世纪以来，多国建筑商进驻国际建筑市场，中国建筑企业也不可避免地要加入这一场全球化的洪流之中。在面临巨大市场机遇的同时，我国建筑企业也面临着很大的竞争压力和挑战。无论是体制变革还是制度创新，建筑企业都必须把未来制度安排和战略决策放到国际市场的大背景下，去思考如何在纷繁复杂的竞争环境中谋求生存和发展。必须充分认识到，中国建筑企业参与国际市场竞争，已经成为无法回避的现实。为了适应国际建筑市场的发展，加快与国际接轨的步伐，我国必须不断增强国内建筑公司实力，学习并研究国际先进的工程项目管理模式，结合我国国情发展创新具有中国特色的工程项目管理模式。

工程总承包管理模式是指业主将工程项目的建设任务发包给有资质从事工程项目组织管理的公司，再由该公司分包给若干设计、施工及建筑材料和设备供应商，并在工程实施中进行项目监督和管理。在工程建设公司采用总承包管理的过程中嵌入 EPC 管理模式，可以有效地解决工程项目在设计、采购及施工等相关环节存在的内部矛盾，也能够节约工程建设投资，保证工程项目的总体质量，最终实现工程项目的整体有效控制。

工程总承包管理模式与传统的 DBB 模式相比有很大的差别。在招标方式中，工程总承包管理模式只将设计、采购、施工作为一个总标，只进行一次招标确定一个总承包商，不需分别招标确定几个承包商。而在施工过程中，总承包商具有较大的自主性，业主在工程建设过程中风险相对较少，但同时承包商风险也随之增大。

目前，建筑、电力等相关行业在创新型国际建筑工程公司建设方面已取得了实质性突破。建筑工程行业的各个主管部门也在一定程度上明确，在交通、能源等大中型项目建设的过程中应当首先考虑采用总承包模式。同时，工程项目的相关主管单位也认识到，应当将现阶段的法律法规及技术标准与工程总承包模式相结合，现阶段工程总承包管理模式在我国即将进入规范化的时期。

1.2.2　工程总承包管理模式的价值导向

工程总承包管理模式是设计与工程建设的有机结合，代表了当代西方发达国家工程项目管理的一流水平，该模式的成功运用达到了减少工期和投资的目的。工程总承包管理模式具有两个重要特点：

（1）工程建设技术比较成熟，具有主导工程建设过程的能力。工程总承包管理模式以其广泛使用的工程技术而具有高度的有效性和系统性，在工程项目设计、施工过程中应尽量避免重复性、机械性任务。与此同时，承包商依靠自身熟练的工程技术，能在相对较短的时间内及时提供工程建设所需要的材料、半成品或者构件。

（2）工程设计与物资采购同步进行。工程总承包管理模式将设计与采购工作相结合，在工程设计开始的同时进行材料及设备采购，由此可以大幅度缩短采购周期，节省投资费用。而缩短工期、降低造价成本、提高生产质量，取决于设备物资、原材料、外购件的供应时间和运转周期，从而实现工程项目零库存。

目前工程总承包管理模式已经成为整个建筑行业在进行项目管理时最常采用的模式。同时随着工程总承包管理模式的不断发展，国内建筑工程总承包管理模式在多个方面得到较为广泛的应用。工程总承包管理模式的广泛应用和深入发展为中国工程建设模式的革新和发展提供了新的养分和活力。在设计阶段，工程总承包管理模式能够及时解决设计、采购以及施工等环节中存在的不协调问题，将项目的设计与采购进行有机融合，一边进行项目设计工作，一边进行物资采购工作，将采购纳入设计程序，其结果就是项目设计工作完结之时采购工作也基本完成，因此大大缩短了工程用料的购买周期，同时也保证其质量和效率，并减少了项目投资。在施工建设阶段，充分发挥公司技术优势和先进的管理能力，把专业苛刻的工程施工任务通过公平、透明与合理的招标方式转分给专业承包方实施，在保证工程项目质量的同时最大化地降低了工程建设费用。到工程试运行以及竣工时，公司凭借对工程项目的熟练以及其强有力的专业技术支撑，可保证试运行任务顺利进行，最大程度降低了多家单位试运行多次和反复的问题。工程总承包管理模式最大限度地发挥了对投资控制的重要作用，且始终贯穿于整个项目建设过程，最终实现了对项目总投资的最有效控制。

水利水电工程是一个系统工程，具有工程内容多、流程复杂的特点，同时涉及一系列的质量、安全、进度等严格的要求，加之工程施工中可能遇到一些不可控因素，管理难度极大。工程总承包模式在水利水电工程中的应用，归纳起来具有以下五个方面的优势：①能够全过程进行控制并协调工程设计、原料采购、项目施工；②工程设计、原料采购以及项目施工三者之间的交叉进行能够有效保证了工程建设各阶段、各分项任务最大限度地缩短项目工期；③工程总承包管理模式从系统和整体的角度对工程设计、原料采购项目和施工进行整体优化，大大提高项目的经济效益；④该管理模式把原料采购纳入工程设计程序中，在进行工程设计和项目施工可行性分析时保证了设计建造的高质量水平；⑤严格按照约定的要求进行工程设计、原料采购和项目施工，以及全过程的进度、成本、质量的控制，有效保证了项目经济效益和既定目标的实现。

从另一个角度来看，工程总承包管理模式的优越性也可以归纳为以下四个方面：①专业工程管理机构对建设项目进行管理；②专业工程技术人员可以高效地管理项目，有效保证工程施工质量和进度；③实现工程总承包管理模式的内部有机协调，缩减工程的运行成本；④风险承担的转移，也就是由最能够控制和化解工程建设风险的一方承担工程建设风险。所以工程总承包管理模式的优越性使工程建设项目成本大大降低，而效益得到大幅提升。工程总承包管理的优越性表现在各种要素中，见表1.2-1。

表 1.2-1　　　　　　　项目组织实施方式优越性的对比

对比要素	业主管理阶段	专业机构管理阶段	总承包阶段
业主管理机构	庞大，人多	中等	业主少，总承包多
项目管理专业化程度	低	高	高
总承包的协调关系	分离，外部协调	分离，外部协调	系统，内部协调
设计的主导作用	难发挥	难发挥	能充分发挥
项目管理技术水平	低	高	高

项目管理经验积累	一次性	能积累	能积累，结合实际
进度控制	难于协调和控制	难于协调和控制	能实现深度交叉
费用控制	浪费环节多	浪费环节较多	节省环节多
质量控制	各管各的质量	各管各的质量	全过程全方位控制
工程总成本	高	较高	低
投资效益	差	较差	大幅度调高

1.2.3 工程总承包模式的应用前景

当下，我国经济已由高速增长阶段转向高质量发展阶段，正处在转变发展方式、优化经济结构、转换增长动能的攻关期。对于我国建筑业来说，其规模快速扩张带来的发展问题正在成为传统建筑业面临的重大挑战，加快推行工程总承包已成为建筑业改革发展的重点任务，战略意义重大，主要体现在以下几方面：

（1）推行工程总承包是我国的工程项目管理体制与国际接轨的需要。2003年2月13日原建设部发布《关于培育发展工程总承包和工程项目管理企业的指导意见》（建市〔2003〕30号）；2014年7月1日住房和城乡建设部发布《关于推进建筑业发展和改革的若干意见》（建市〔2014〕92号）；2016年5月20日住房和城乡建设部发布《关于进一步推进工程总承包发展的若干意见》（建市〔2016〕93号）；2017年12月26日住房和城乡建设部发布《房屋建筑和市政基础设施项目工程总承包管理办法（征求意见稿）》（建市规〔2019〕12号）；2017年2月21日国务院办公厅发布《关于促进建筑业持续健康发展的意见》（国办发〔2017〕19号），要求完善工程建设组织模式，加快推行工程总承包，加快建筑业企业"走出去"，加强中外标准衔接，提高对外承包能力。从原建设部2003年重提培育工程总承包企业到住房和城乡建设部2014年倡导采用工程总承包模式，从2016年推广工程总承包制再到国务院2017年提出加快推行工程总承包，直至同年年底住房和城乡建设部要求政府投资、国资主导项目应优先采用工程总承包，如此高层次、高密度地发文推行，可以感受到国家对发展工程总承包给予的极大关注。推行工程总承包，符合市场经济条件下项目管理形式多样化的发展趋势，这也是我国项目建设管理体制与国际接轨的客观需要。

（2）推行工程总承包对于提高我国工程建设管理水平十分有利。工程项目的开展由总承包方统筹，加强总承包商的工程管理任务和法律责任，能够促进承包商的专业化和技术化，从而进一步推动国家工程建设项目整体管理水平的革新与发展。总承包商需要对工程设计、原料采购、项目施工、工程试运行等多项工作进行系统内部的统一和协调，将多方参与的各单位分项管理变为内部的统一管理，大大减少不同单位部门间的外部协调工作，在提高工作效率和削减项目成本的同时实现工程设计、原料采购、项目施工、工程试运行等多项工作的合理、有机、高效的交叉推进，明显地缩短工程建设周期，并对建立综合项目质量控制体系以及保证工程建设质量十分有利。

（3）我国未来工程建设项目管理体制的改革应以专业化管理服务为主导方向。工程项目管理主要研究工程项目在整个项目周期中对项目进行组织、管理、控制的规律，并且与工程技术、工程经验、专业人员素质等密切相关。由于建筑工程一般具有规模大、技术难度高、系统复杂、专业性强等特点，项目业主自己临时组织人员进行项目管理不仅投入高，而且难以达到预期效果，因此国际上大型项目的业主一般雇用专业且有丰富经验的工程公司或项目管理公司作为业主的代理，帮助业主管理项目，业主向代理支付佣金。我国推行工程项目管理专业化，有利于消除非专业机构、非专业人员管理项目的弊端；有利于提高我国建筑工程的质量和技术水平，缩短工期，减少资金浪费；有利于消除非专业人员管理项目中的腐败现象。因此推行工程项目管理专业化服务，是我国工程项目管理体制改革的重要方向。

（4）推行建筑工程总承包管理模式是实现政府提出的"一带一路"倡议的重要步骤。工程总承包模式主要以 EPC 管理模式为主，早已成为国际建筑界广泛采用的工程项目管理模式。积极地推行工程总承包管理模式不仅是深化我国工程建设的项目组织、实施项目革新的重要途径，还是勘察、设计、施工以及监理公司改革经营结构、加强综合能力以及加快与世界工程项目管理模式接轨速度，提高我国建筑企业国际竞争力的有效途径。

随着工程总承包模式的广泛应用，水利水电领域也看到了其应用价值，并在逐步进行探索和尝试。中国电建集团昆明院、成都院、贵阳院、中南院等多家勘测设计研究院有限公司先后在水利水电建设中采用工程总承包模式，并且取得很好的成效。例如，格雷二级水电站被评为全国"工程总承包优秀奖"，马鹿塘水电站一期工程被评为中国勘察设计协会"工程总承包铜钥匙奖"及"云南省优质工程二等奖"。工程总承包模式在国内一些中小型项目中得到很好的检验，从中也可以看出：作为工程总承包模式的核心内容，业主将工程项目建设过程中的项目设计、物资采购、建设施工等一系列工作统一交给一个承包商进行管理，能最大限度地发挥总承包商自身具有的优势，调动起其协调各方的意愿与能力，促进总承包商调度一切可能的资源来提高总承包的整体效益。

与传统模式相比，工程总承包管理模式减少了多承包商、多项目的分别管理，有效降低了业主管理成本，提高了管理效率。同时，工程总承包管理模式有效促进了承包商和业主在工程项目的优化设计，也促使了工程投资、工程进度管理。总之，工程总承包管理模式在我国工程建设管理中应用越来越广泛，这也将伴随市场经济发展成为一种主流的项目管理模式。

随着管理模式的不断深化，管理手段也在不断优化。但项目管理体系仍缺少企业与项目信息的连通载体，绝大部分企业管理层无法实时获取准确的项目信息。而项目信息是实现项目精细化管理的依据和基本要求。数据信息的准确性会对项目的整体管控和效益造成直接影响。而且实际工程施工的质量、安全、进度、成本等各要素是动态变化的，这使得信息的及时准确获取增加了难度。依托于 BIM 技术诞生的新型管理方法，对传统施工人员的技术和综合素质也有了更高的要求。

BIM 技术与项目管理是相辅相成的关系。就本质而言，BIM 技术服务于项目管理，它是促进项目管理模式转型升级的利器，是协助项目部和企业管理层实时获取施工信息的载体。对于施工企业来说，基于 BIM 技术的项目管理是企业管理的根基，BIM 技术的创新应用是实现企业精细化管理目标的技术引擎。同时，企业通过在项目中开展更多的 BIM 实践应用，为 BIM 技术的提升和实施方案的优化提供了肥沃的土壤。

第 2 章

HydroBIM‑EPC 工程总承包管理模式研究

2.1 工程总承包模式

2.1.1 DB 总承包模式

1. DB 总承包模式的概念

DB 总承包模式即设计-建造模式，是由一家机构完成设计和施工任务的一种建筑服务。1995 年，FIDIC 出版的《设计—建造与交钥匙工程合同条件》(Conditions of Contract for Design‑Build and Turnkey) 中规定，由承包商完成的工程应完全符合合同并适用于合同中规定的工程的预期目的。工程应包括为满足雇主的要求、承包商的建议书及资料表所必需的或合同隐含由承包商的人和义务而产生的任何工作，以及合同中虽未提及但按照推论对工程的稳定、完整或安全、可靠及有效运行所必需的全部工作。具体说来，DB 承包商的工作范围包括规划、设计、成本控制、进度安排、各专业工程的施工及管理工作，甚至负责土地购买、项目融资和设备采购等相关工作。

DB 总承包具体的运作模式：首先由业主或者业主委托的专业咨询机构拟订建设项目的基本要求，然后招标选择同时具有设计和施工能力的总承包商进行项目建设，业主授权一个具有足够专业知识和管理能力的人作为业主代表，与总承包商进行沟通和协调。总承包商与业主密切合作，负责完成项目的规划、设计、进度计划、成本控制等，甚至包括土地购买和项目融资。DB 模式组织形式如图 2.1‑1 所示。

2. DB 总承包模式的特点

（1）DB 总承包模式的基本特点是在项目实施过程中保持单一的合同责任，不涉及监理，大部分实际施工工作要以竞争性招标方式分包出去。这种模式主要有两个特点：

1）高效性。由于在方案设计阶段就可以根据承包商的施工经验及所拥有

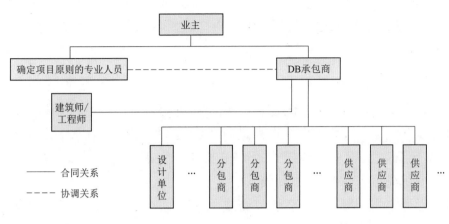

图 2.1-1 DB 模式组织形式

的施工机械、熟练工人和技术工人等情况考虑结构型式和施工方法，因此具有高效性。统计资料显示，DB 总承包模式比传统的项目承包方法加快施工进度达 12%，加快招投标进度达 33%，降低造价达 6%。

2）责任单一性。DB 总承包模式的合同关系是业主和承包商之间的关系，业主的责任是按合约规定的方式付款，总承包商的责任是按时提供业主所要的设计、建造和保修服务。承包商对于项目建设的全过程负有全部的责任，这种责任的单一性避免了工程建设中各方相互矛盾和扯皮，也促使承包商不断提高自己的管理水平，通过科学的管理创造效益。

（2）业主一般委托社会上有经验的项目公司协助起草功能描述书，帮助其招标、评标等。有了强有力的支撑，建设项目的质量也就得到了控制。然而，该模式也存在自身的缺陷，具体如下：

1）承包商承担更多的风险。DB 模式下承包商承担了项目的设计、施工及相关的组织协调工作，大大减轻了业主的管理工作，但承包商却因此要承担更大的风险。传统模式下，设计图纸已有，承包人只需按照技术规范和合同要求完成质量、工期、造价等要求，但在 DB 模式下，承包商还需完成设计工作，设计的成果直接影响到施工质量、工期、造价，两者的协同也是承包商管理的重点。

2）招标和评标工作更复杂。针对 DB 项目的招标，业主会给出"规定的性能标准"，投标人按照该标准进行设计，给予投标人较大的设计空间。设计方案很大程度上决定了项目造价、工期、质量等指标，因此，与传统模式下主要重视投标报价不同，项目评标一般先评审技术标的合理性，再考察投标人报价，这使得无论是招标评标程序，还是评标指标的设置与评价以及方案的综合评价都更加复杂。

2.1.2 EPC 总承包模式

1. EPC 总承包模式的概念

20世纪末，EPC总承包模式最先出现在北美，在随后的工程项目中，业主逐渐地意识到EPC模式的优越性，并开始在建设模式上进行着改变，越来越多的工程开始采用EPC的形式来进行工程建设。在我国引入工程总承包模式的30多年间，工程总承包模式得到了长足的发展和进步，成为各个部委在大型项目中优先推荐采用的建设模式。

EPC总承包模式是由一家承包商或承包商联合体对整个工程的设计、采购、施工直至交付使用进行全过程总承包的方式，也称为工程总承包、全过程工程总承包等，这是一个"交钥匙"工程，总承包商依据所签署的合同，对项目的所有环节工作内容和工作成果负全部责任。EPC总承包模式含义见表2.1-1。

表 2.1-1　　　　　　　　　　　EPC 总承包模式含义

设计—E	采购—P	施工—C
基本设计	材料采购	工程施工
详细设计	设备采购	设备安装调试
加工设计	施工分包和设计分包	HSE 管理体系

在这种模式下，建设单位仅需要向总承包商提出大致的方案设想，随后总承包商会委托一家合适的设计院做可行性方案研究，然后交由建设单位审查，总承包商会根据建设单位的意见进行修改，并完成初步设计和施工图设计，最后由总承包商寻找有资质的施工企业进行施工，直到工程结束。在此过程中，业主的职责是监督总承包商能否确保工期按时保质保量地完成，同时工程建设费用不能超预算，项目完成后就能直接投入使用。业主在整个过程中不负责具体事务，只需做好后勤保障，保证资金链的充足，在时间节点上按合同的要求进行项目的验收。在这种模式下，业主仅承担很小的风险，而承包商承担了项目中绝大多数的风险。

EPC总承包模式组织形式如图2.1-2所示。

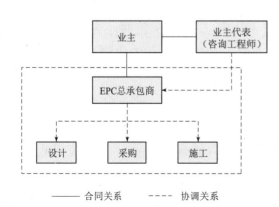

图 2.1-2　EPC 总承包模式组织形式

2. EPC总承包模式的特点

EPC总承包模式具有以下特点：

（1）业主把工程的主要任务如设计、施工等工作直接全权委托给EPC总承包商企业负责实施，业主只负责整体性、原则性的问题。

（2）业主只负责提出需求以及与总承包商签署合同。EPC总承包商会根据业主的要求寻找合适的分包商，并与之签订分包合同。分包商直接听从总承包商管理，总承包商直接面对业主。

（3）业主把工程风险转嫁给了总承包商，从而导致总承包商在EPC工程管理中的风险系数加大，担负的责任也更多，但同时总承包商赚取的利润也会增多。

（4）业主不参与工程的具体事务，这就可以促使总承包商放开手脚，利用自身的管理经验，按照自己的思路来管理整个工程，在保证工程质量的前提下，尽力为业主获取更多的利益。

3. EPC总承包模式与传统模式的比较

EPC总承包模式在实施中，可由几家单位组成联合体的形式承接项目，也可由一家具备设计、采购、施工资质条件的单位单独承接项目。无论哪一种方式都是有利于建设项目管理的总体规划和协同运作，不但能解决设计与施工的衔接问题、减少采购与施工的中间环节，还能顺利解决传统发包模式中业主、设计单位、施工总承包之间的矛盾。对比传统承包模式，EPC总承包模式具有以下优势：

（1）EPC总承包商全程参与了整个工程项目的设计、采购及施工的全过程管理，这就需要承包商本身拥有专业的技术能力和高超的管理水平，代表业主与其他各分包商进行工程协作；相比于传统模式，EPC总承包商在项目管理中的职责是把各分包商有机地串联起来，主要起到一个协调的作用，这对整个工程项目能够顺利地开展是十分有帮助的。

（2）业主把整个项目的管理职责全部授权给了EPC总承包商进行管理，这样就能更好地激励承包商更加认真、负责地管理整个项目。因为可以掌控全局，EPC总承包商就能够及时发现工程中存在的问题并得到有效快速的处理，这样就能从总体上节省建设工期，节约建设成本，缩短投资回收期，实现自身利益的最大化。

（3）EPC总承包商在整个工程项目管理中并不具备独立完成项目所需的全部技术水平和能力，这就要求与其他的分包商组成联合体的形式共同参与管理，实现优势互补，最终顺利地完成工程项目。

在这种管理模式下，总包商可以最大限度地行使自己的权力，能够更高效、更顺畅地完成业主所委派的工程管理任务，尽可能地为业主着想，使业主免于承担风险。

2.1.3 Turnkey 总承包模式

Turnkey 总承包又称"一揽子承包"或"交钥匙总承包"，是指总承包商按照合同约定，负责工程项目前期的投资机会研究、项目发展策划、建设方案及可行性研究和经济评价，完成工程的勘察、设计、设备采购、施工、试运行等全过程工作，并对工程的安全、质量、工期、造价全面负责，工程验收合格后向业主提交一个满足使用功能、具备使用条件的一种总承包模式。Turnkey总承包模式组织形式如图 2.1-3 所示。

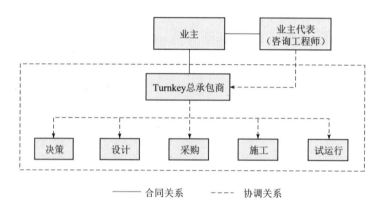

图 2.1-3 Turnkey 总承包模式组织形式

在承包范围上，Turnkey 总承包模式向前延伸至项目决策阶段，向后则拓展到项目试运行阶段，总承包商内部组织结构也发生变动。Turnkey 总承包商不仅要配备包括 EPC 总承包商的所有技术人员，还需配置项目决策和项目试运行的人员。

由于业主将更多的项目实施环节转移给 Turnkey 总承包商，与这些环节相关的工程风险也一并被转移，包括对项目背景及工程所在地的市场、经济、政治、文化等信息来源了解不深入、不确切等因素可能导致的立项决策阶段的风险，这使得 Turnkey 总承包商在经济和工期上要承担更多的责任。

与其他工程总承包相比，Turnkey 总承包的优越性有以下方面：

（1）能满足某些业主的特殊要求。

（2）承包商承担的风险比较大，但获利的机会也比较多，有利于调动总包商的积极性。

（3）业主介入的程度比较浅，有利于发挥承包商的主观能动性。

（4）业主与承包商之间的法律关系简单。

2.1.4　模式对比

总承包模式代表了现代西方工程项目管理的主流，是在项目运用中成功达到缩短工期、降低成本、提高投资效益的典范，也是国内工程交易模式的发展方向之一，其三种类型相互之间既存在联系又存在区别。

1. 业务范围比较

DB 交易模式中总承包商所涉及的设计任务既可以包含从确定项目范围、项目规划开始的所有设计阶段，也可能仅仅局限于初步设计、技术设计和施工图设计的后几个阶段；EPC 和 Turnkey 交易模式中总承包商则要代替业主负责工程的整个勘察设计流程，EPC 模式总承包商在试运行阶段要为业主提供咨询服务，而 Turnkey 模式总承包商则负责进行项目的决策和后期试运行。

2. 合同类型比较

根据 DB 交易模式下业主参与工程设计的不同程度，业主可以选择单价合同、总价合同和成本加酬金合同等多种合同形式，而在 EPC 和 Turnkey 交易模式下，业主基本上仅倾向于总价合同。

3. 目标控制比较

DB 模式下，由于业主要参与设备或材料的采购，甚至负责部分或大部分的设计工作，在与由总承包商并行开展工作时，必然造成较大的困难，所以在进度目标的控制上 DB 模式要弱于 EPC 和 Turnkey 模式。

4. 总承包交易模式适用性比较

采用总承包模式进行招标时，对于 DB 总承包模式，业主需要为总承包企业参与投标提供部分图纸和统一的报价基础资料，但对于 EPC 和 Turnkey 总承包模式而言，业主所提供的仅仅是项目规格或项目需求，这些不足以作为公开招标的报价依据，因此二者更适用于非公开招标的项目。

按照 FIDIC《工程设备和设计—施工合同条件》以及《设计—采购—施工（EPC）/交钥匙工程合同条件》的推荐，DB 模式适用于建筑或工程的设计和施工，由承包商按照业主的要求，设计、提供生产设备和其他工程，而 EPC 和 Turnkey 模式适用于提供加工或动力设备、工厂或类似设施、基础设施工程或其他类型的开发项目，这些项目的最终价格和要求的工期具有更大程度的确定性，由承包商承担项目设计和实施的全部职责，业主很少介入。

总体来说，EPC 和 Turnkey 模式主要适用于设备和技术集成度高、系统复杂庞大，合同投资额大的项目，DB 模式则主要在系统、技术设备相对简单，合同金额可大可小的项目中使用。而 Turnkey 与 EPC 模式的主要不同点在于 Turnkey 承包的范围更大，工期更确定，合同总价更固定，承包商风险更大，合同价相对较高。

2.2 EPC总承包模式应用分析

2.2.1 EPC总承包模式管理组织的基本结构划分

EPC总承包模式管理组织结构是项目管理的基础，根据对项目管理组织与总承包企业组织的关系、项目管理组织机构自身内部的组织机构两方面的深入研究，可将EPC总承包模式管理组织的基本结构分为三类：职能型组织结构、项目型组织结构和矩阵型组织结构。

2.2.1.1 职能型组织结构

EPC工程项目会依据项目的规模大小、项目管理的需要设立相应的职能部门，对企业选派的员工进行岗位培训，合理进行职位安排，在EPC总承包项目部内，沟通协调工作主要集中在项目经理与各职能部门之间，如图2.2-1所示。

1. 职能型组织结构的优点

（1）在人员的使用上具有较大的灵活性。只要选择了合适的职能部门参与EPC工程项目的实施，那么这些部门就能为项目提供它所需要的专业技术人员。这些人员可以被临时调配给项目，将所要做的工作完成之后，又可以回来做他们原来的本职工作。

（2）技术专家可以同时在不同的项目中工作。职能部门的技术专家一

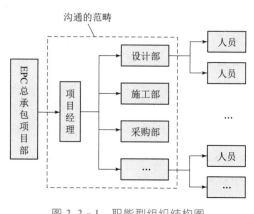

图2.2-1 职能型组织结构图

般具有较广泛的专业基础，可以在不同的项目之间穿梭工作。

（3）同一部门的专业人才可以在一起交流知识和经验。这可以使项目团队成员获得本部门内部所有的知识和技术支持，对创造性地解决项目的技术问题非常有帮助。

（4）可以保持技术和管理的连续性。当人员离开项目团队甚至离开企业时，职能部门可以作为保持项目技术连续性的基础，同时将项目作为部门的一部分，还有利于在过程、管理和政策等方面保持连续性。

（5）职能部门可以为本部门的专业人员提供一条正常的晋升途径。成功的

项目虽然可以给参与者带来荣誉，但他们在专业上的发展和进步还需要有一个相对固定的职能部门作为基础。

2. 职能型组织结构的缺点

（1）组织结构使得工程业主不是活动和关心的焦点。职能部门有它自己的日常工作，项目及业主的利益往往得不到优先考虑。

（2）工作方式存在问题。职能部门的工作方式常常是面向本部门活动的，而一个项目要取得成功，其采取的工作方式必须是面向问题的。

（3）责任不明确。在这种项目组织结构中，有时会发现没有一个人承担EPC工程项目的全部责任。由于责任不明确，往往是一些人负责项目的一部分，另外一些人负责项目的其他部分，彼此之间缺乏沟通，这将导致协调困难和混乱的局面。

（4）项目问题常常不能顺利解决。项目中与职能部门利益有直接关系的问题有可能得到较好的处理，而那些超出其利益范围的问题则很有可能遭到漠视。

（5）调配给项目的人员的积极性往往不是很高。项目并不被看作是他们的主要工作，有些人甚至将项目任务当成是额外的负担。

（6）协同性不高。技术复杂的项目通常需要多个职能部门的共同合作，但他们往往更注重本领域，从而忽略了整个项目的目标，并且跨部门之间的交流沟通也是比较困难的。

2.2.1.2 项目型组织结构

在项目型组织结构中，需要单独配备项目团队成员。组织的绝大部分资源都用于项目工作，且项目经理具有很强的自主权。在项目型组织机构中一般将组织单元称为部门。这些部门经理向项目经理直接汇报各类情况，并提供支持性服务，如图2.2-2所示。

1. 项目型组织结构的优点

（1）责任明确。尽管必须向企业的高层管理者报告，但是项目经理对EPC工程项目全权负责。项目经理可以全身心地投入到项目中去，可以像总经理管理企业一样管理整个项目，可以调用整个组织内部和外部的资源。

（2）项目经理是领导。项目团队的所有成员直接对项目经理负责，项目经理是项目的真正领导人。

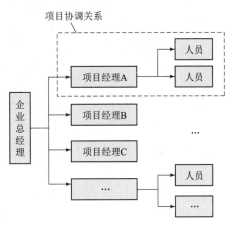

图2.2-2 项目型组织结构图

（3）沟通方便。项目从职能部门中分离出来，使得沟通途径变得简洁。项目经理可以避开职能部门直接与企业的高层管理者进行沟通，提高了沟通的速度，也避免了沟通中的错误。

（4）有利于技能的储备。当存在一系列的类似项目时，项目型组织可以保留一部分在某些技术领域有才能的专家作为固定成员。事实上，这种技能的储备不仅有利于项目的成功，而且也能为企业争得荣誉，吸引更多的客户。

（5）目标明确。项目型组织结构中，项目的目标是单一的，项目成员能够明确理解并集中精力于这一单一目标，团队精神得以充分发挥。

（6）加快决策。权力的集中使决策的速度得以加快，整个项目组织能够对客户的需求和高层管理者的意图做出更快的响应。

（7）命令的协调一致。在项目型组织结构中，每一个成员只有一个直接领导，避免了多重领导、无所适从的局面。

（8）控制灵活。项目型组织从结构上来说简单灵活，易于操作，在进度、成本和质量等方面的控制也较为灵活。

2. 项目型组织结构的缺点

（1）资源配置重复。当总包企业有多个 EPC 工程项目同时进行时，每个项目都有自己一套独立的班子，这会造成人员、技术以及设备等的重复配置。

（2）聘用时间长。事实上，为了保证在项目需要时马上得到所需的专业技术人员以及设备等，项目经理往往会将这些关键资源储备起来。所以，具有关键技术的人员在项目还没有需要他们时就被聘用，而且聘用的时间比项目需要他们的时间更长。

（3）高技术性项目存在局限性。将项目从职能部门的控制中分离出来，这种做法具有优越性，但也有一定的不足之处。特别是当项目具有高技术特征时。项目中的人员在某些专业领域具有较深的造诣，但在其他一些与项目无关的领域则可能会有些逊色。职能部门虽然可以看成是各种技能的储备基地，但对于不属于本部门的项目成员是不直接开放的。

（4）项目型组织结构容易造成在企业规章制度执行上的不一致。在相对封闭的项目环境中，行政管理上的省工减料时有发生，并辩解成是为了应付业主或技术上的紧急情况。

（5）项目成员与其他部门存在明显的界线。在项目型组织结构中，项目成员只承担自己的工作，成员与项目之间以及成员互相之间都有着很强的依赖关系，但项目成员与企业的其他部门之间却有着较清楚的界限。这种界限不利于项目与外界的沟通，同时也容易引起一些矛盾和不良的竞争。

（6）缺乏一种事业的连续性和保障。项目一旦结束，项目成员就会失去他们的"家"，不知道接下来会发生什么，比如，会不会被暂时解雇、会不会被安排去做低档的工作、会不会被其他项目看中、原来的项目组会不会解散等。

2.2.1.3 矩阵型组织结构

在 EPC 总承包公司多项目管理的过程中，公司适宜采用矩阵型组织结构对多项目进行管理，公司会依据承接的工程项目特点从公司内部各部门抽调人员，成立项目部对项目进行管理，在 EPC 总承包公司内部沟通协调的范围主要是公司职能部门与多项目之间的沟通管理，如图 2.2 - 3 所示。

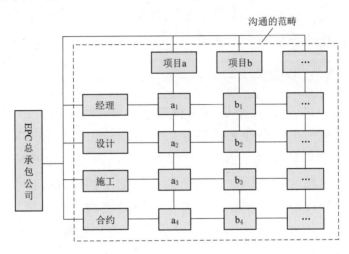

图 2.2 - 3 矩阵型组织结构图

1. 矩阵型组织结构的优点

（1）职能原则与对象原则融为一体。它兼有部门控制式和混合工作队式两种组织的优点，即解决了传统模式中企业组织和项目组织相互矛盾的状况，把职能原则与对象原则融为一体，取得了总包企业长期例行性管理和 EPC 工程项目一次性管理的一致性。

（2）可以实现多个 EPC 工程项目管理的高效率。通过职能部门的协调，一些项目上的闲置人才可以及时转移到需要这些人才的项目上去，防止了人才短缺，项目组织因此而具有弹性。

（3）有利于人才的全面培养。矩阵型组织结构可以使不同知识背景的人在合作中相互取长补短，在实践中拓宽知识面，发挥了纵向的专业优势，可以使人才成长有深厚的专业训练基础。

2. 矩阵型组织结构的缺点

（1）工程项目力量弱。因为人员来自各职能部门，且仍受各职能部门控制，故凝聚在 EPC 工程项目上的力量减弱，往往使项目组织的作用发挥受到影响。

（2）身兼多职。管理人员如果身兼多职地管理多个项目，往往难以确定管理项目的优先顺序，有时难免会顾此失彼。

（3）双重领导。项目组织中的成员既要接受项目经理的领导，又要接受总包企业中原职能部门的领导。在这种情况下，如果领导双方意见和目标不一致甚至有矛盾时，当事人便无所适从。

（4）容易造成沟通复杂。矩阵型组织结构对企业管理水平、项目管理水平、领导者的素质、组织机构的办事效率、信息沟通渠道的畅通等均有较高要求。由于矩阵型组织结构较为复杂，项目部多，容易造成信息沟通量膨胀和沟通渠道复杂化，致使信息梗阻、失真。

2.2.2 EPC 经济分配机制

1937 年，诺贝尔经济学奖获得者科斯（Ronald H. Coase）在《企业的本质》一文中清晰地指出，企业和市场是协调劳动分工的两种不同方式，这两种方式之间是可以互相替换的。企业之所以能取代市场价格机制来协调劳动分工，原因是企业内部的管理协调可以节约市场交易的成本，即企业的边界是由企业内部的行政管理费用与招标信息收集、合同谈判、与外界协调等外部交易成本相比较决定的，当成本交易过大时，企业取代市场，反之，市场取代企业。此后，威廉姆斯（Walter Williams）、阿尔钦（Armen Albert Alchian）、克莱因（Lawrence Robert Klein）、张五常、哈特（Oliver Hart）等经济学家也在这个方面做了大量研究，补充并构建了新制度经济学理论。这一体系理论带来的启示是：承包商管理的项目规模不宜无限地扩大，是否应该采用 EPC 工程总承包管理模式主要取决于企业组织结构对资源的配置效率，当承包商企业能以自己特有的方式有效地处理项目运营中的各种难题，且所增加的内部管理成本小于采用其他承包方式可能带来的交易成本时，采用 EPC 工程总承包管理模式就是恰当的。

1. 劳务材料全发包模式

设计院将项目劳务、材料双包给各劳务及专业分包公司，钢筋混凝土等主材统一采购，现场管理人员直接对劳务及专业分包公司进行管理。

这种模式的优点在于收入与支出明确，利润为收入与劳务及专业分包公司支出的差额。缺点在于设计院在不具备施工、成本控制经验的情况下，项目管控风险大，涉及劳务公司扯皮纠纷；对现场管理的要求及人员配置要求高，技术管理风险大。

2. 提取固定管理费模式

设计院作为牵头单位与施工单位组成联合体共同参与 EPC 工程总承包建设，设计院负责设计及外部协调；施工单位负责项目的进度、质量、安全、环境及安全文明施工等施工管理工作。

这种模式的优点在于收益一定，但提取固定管理费是设计院收取利润的唯一来源。转移施工管理风险，由施工总包方承担了施工过程风险。缺点在于设计院作为 EPC 总承包牵头单位是项目建设第一责任人，未能规避项目管控风险，收益与风险不对等。

3. 共管理共分利润模式

设计院作为牵头单位与施工单位组成联合体共同参与 EPC 工程总承包建设，联合体各单位组成联合项目部，共同对项目的设计、分包、劳务、材料供应商进行管理，通过分工进行外部协调，利润共享，风险共担。

这种模式的优点在于收入与支出明确，总利润为收入与分包、劳务、材料支出的差额，利润需根据联合体双方合作协议进行分配。设计院在项目详细成本的开销方式、成本组成以及成本数据方面能够获得第一手资料，弥补自身在施工、成本控制管理方面的不足，能迅速积累工程管理经验。缺点在于由于两个单位不同的企业文化和管理模式导致在管理项目中产生矛盾，项目管理团队无法做到 $1+1>2$，存在内耗情况。

4. 自营平行发包模式

施工总包方只负责土建工程施工，其余专业工程由设计院作为工程总承包单位平行发包。工程总承包单位负责设计、分包管理、材料采购、外部协调等事宜。

这种模式的优点在于收入与支出明确，总利润为收入与分包、材料支出的差额，设计院可实现利润最大化。项目管理架构清晰，各单位工作职责和任务清楚。缺点在于设计院管理幅度加大，管理水平要求较高，涉及相关政府备案手续问题及与参建各单位的协调难度加大，设计院需具备一定的垫资能力。

2.2.3　EPC 模式的深化应用

1. 水利水电工程 EPC 总承包

水利水电工程建设项目一般具有投资巨大、投资回收期长、技术复杂程度高等特点。随着社会技术经济水平的发展以及建筑工程业主需求的不断变化，传统模式日益显示出其勘察、设计、采购、施工各主要环节之间互相割裂与脱节，建设周期长、效率低、投资效益差等缺点。而 EPC 总承包模式可以很好地弥补这些缺点。

　　水利水电工程 EPC 总承包是指有资质从事水利水电工程总承包的企业受业主委托，按照合同约定对水利水电工程项目的勘察、设计、采购、施工和试运行等实行全过程的项目承包管理模式。水利水电工程 EPC 总承包的内容见表 2.2 - 1。

表 2.2 - 1　　　　　　　　水利水电工程 EPC 总承包的内容

规划设计	采　购	施　工
方案优化设计（含部分工程勘察）	物质材料采购	土建工程
技术/施工图纸设计	机电设备采购	机电设备安装调试
施工组织与规划	施工合同分包	生态环保等
设计变更	设计合同分包	电厂试运行

　　在 EPC 总承包模式下，业主将设计、采购、施工全权委托给总承包商，并委托业主咨询机构及业主代表与总承包商进行交流和协调。总承包商一般由具备相应设计资质的工程设计院或工程咨询公司承担。总承包商对整个建设项目负责，但并不意味着总承包商须亲自完成整个工程项目。除法律明确规定应当由总承包商必须完成的工作外，其余工作总承包商则可以采取专业分包的方式进行。在实践中，总承包商往往会根据其丰富的项目管理经验，根据工程项目的不同规模、类型和业主要求，将设备采购、施工及安装等工作采用分包的形式分包给专业分包商。此外，EPC 总包商委托工程咨询工程师和监理工程师对工程的整体设计、采购和施工进行全过程监督并记录，其中监理工程师直接对总承包商负责工程的进度和质量。图 2.2 - 4 为总承包商是设计单位时水利水电工程 EPC 总承包管理模式。

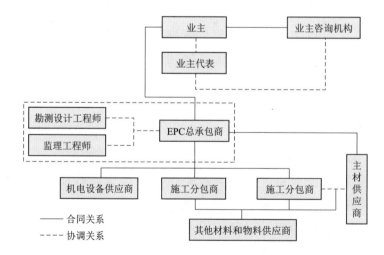

图 2.2 - 4　水利水电工程 EPC 总承包管理模式（总承包商是设计单位时）

水利水电工程 EPC 总承包一般采用以下两种管理模式：

（1）总承包商为设计单位。总承包商一般由具有独立设计能力且具备相应工程设计资质的水利水电设计院或工程咨询公司承担，总承包商一般均独立完成工程的设计任务而不是对外分包。总包商除直接承担工程设计及重要机电设备的采购之外，把项目的施工任务分包给各施工分包商。工程材料及设备中，除重要建筑材料和设备由总承包商指定（供应）外，其他非核心材料及设备由分包商独立采购使用。

（2）总承包商为施工单位。总承包商一般为施工能力强、有相应资质的水利水电施工企业或公司承担。在工程中标后，设计任务采用对外分包的形式分包给有相应资质的水利水电设计单位完成，而施工任务则由总承包商的内部子公司完成。

2. 水利水电工程 EPC 管理模式的必要性及优越性

（1）水利水电工程 EPC 管理模式的必要性。水利水电工程建设中实行 EPC 总承包模式，能够克服传统管理模式存在的投资大、工期较长、设计和施工单位不易协调等诸多困难，同时还有助于吸引更多的民间闲散资金进入水利水电工程的建设市场，对提高我国水利水电工程建设的国际竞争力十分有利。随着国内水利水电市场的逐步开放，民间闲散资金日益增多地投入到水利水电工程建设中去，很多建设业主方均为首次进入水利水电市场，由于水利水电建筑工程涉及领域宽泛、技术难度较大，业主往往缺乏专门的工程技术和管理等方面的配套力量，EPC 总承包管理方式可最大限度地减轻业主方的负担，增加业主方投资的积极性。因此总承包商为设计单位的 EPC 管理模式是水利水电工程建设的必然选择。

此外，我国加入 WTO 后，国外的工程咨询和建设公司将获得更多机遇参与到我国水利水电工程项目建设中来，国内的水利水电工程建设企业也要同国外同行企业进行国际竞争，这些都要求工程承包商提高项目的管理水平和整体竞争力，熟悉并能够应用新的工程建设管理模式。因此，在我国水利水电工程建设市场中逐步开展 EPC 总承包管理模式，有利于提高国内水利水电工程建设和管理水平，迅速提升国际竞争实力。

（2）发展水利水电工程 EPC 管理模式的优越性。传统上采用的是 DBB 项目管理模式，但随着社会技术经济水平的发展，以及水利水电工程业主需求的不断变化，传统模式逐渐显示出其从初期工程勘察到工程设计，以及后续的采购和施工各主要环节间互相割裂的缺点，导致工程建设周期变长、工程施工效率低下、投资收益较低等问题，不但缺乏项目管理的合理程序和专门方法，又缺乏专业技术人才和项目管理经验，因此无法积累有益的工程建设经验或吸取施工中的各种教训，最终造成项目建设中的巨大浪费以至于投资无效。EPC 总承包模式因能提供社会化、专业化和商品化的服务，比传统模式具有更多优势，在合理利用社会有效资源的同时，还引入了市场自由健康的竞争机制，不但强化了投资风险的约束机制，分散和减轻了项目法人的投资风险和建设管理工作量，也克服了工程设计、采购和施工等相互制约及脱节的突出矛盾，能够保障项目建设的顺利实施和既定建设目标的准确实现。

3. 水利水电工程 EPC 管理模式的建设程序及组织结构

（1）建设程序。EPC 项目管理模式下合同约定工程总承包商为完成项目必须进行项目产品的创造以及工程建设过程的合理有效管理，其产品是完整的工程项目，因此它拥有一般工程建设所拥有的全部过程。一个完善的工程总承包项目理应包括前期可行性研究、工程设计、材料采购、项目施工和工程试运行五个不同阶段的内容。各阶段均有不同的任务和使命。

1）前期可行性研究：详细描述工程建设的目标产品和它的战略目标与要求。

2）工程设计：告知工程项目产品的详尽要求。以某工程项目为例，发达国家设计阶段的划分见表 2.2-2。

表 2.2-2　　　　　　　　发达国家设计阶段的划分

项目	设　计　阶　段			
	工艺包或基础设计	工艺设计	基础工程设计或分析和平面设计	详细工程设计
主要文件	（1）工艺流程图； （2）工艺控制图； （3）工艺说明书； （4）工艺设备清单； （5）设计数据； （6）概略布置图	（1）工艺流程图； （2）工艺控制图； （3）工艺说明书； （4）物料平衡表； （5）工艺设备表； （6）工艺数据表； （7）安装备忘录； （8）概略布置图； （9）各专业条件	（1）管道仪表流程图； （2）设备计算及分析草图； （3）设计规格说明书； （4）材料选择； （5）请购文件； （6）设备布置图； （7）管道平面设计图； （8）地下管网； （9）电气单线图	（1）详细配置图； （2）管段图； （3）基础图； （4）结构图； （5）仪表设计图； （6）电气设计图； （7）设备制造图； （8）施工所需的其他全部图纸文件
用途	提供工程公司为工程设计的依据，技术保证的基础	将相关技术文件发送给有关专业开发工程设计，并提供用户审查	为开展详细设计提供全部资料，为设备、材料采购提出请购文件	为开展详细设计提供全部资料，为设备、材料采购提出请购文件

3）材料采购：严格执行工程设计所要求制造或购买的设备以及建筑原材料。

4）项目施工：按照工程设计内容逐项完成工程建筑以及安装的任务。

5）工程试运行：对完成的建筑工程、机电设备进行试运行，并向业主方交接。

一般来讲，除了交钥匙工程总承包以外，工程总承包（EPC）模式一般不涵盖前期的可行性研究内容，而把前期可行性研究内容作为一个单独项目进行运作完成。

（2）组织结构。EPC项目管理的组织形式和对工程人员的素质要求与传统的施工企业不相同，它通常采用矩阵型组织结构。依据EPC项目的工程合同内容，从公司各部门抽调技术成熟且过硬的相关人员组成项目管理小组，一般采用工作小组负责工作包的形式进行，而工程项目经理全面负责各个工作小组，具体到各项工作的进行则由工作包负责人全面负责和安排。工程管理部门按照公司法定权利对各个工作小组工作进行领导、监督和指导以及控制，以确保工作小组的工作符合公司、业主和社会三方的共同利益，而EPC工程合同执行完成后，各工作小组也随之解散。

EPC工程管理项目对项目经理人和工作包负责人具有不同于传统施工经理或现场经理的更为严格的要求，要求EPC的项目经理必须具备对项目整体的把握能力（沟通力、协调力和领悟力），必须熟悉掌握工程设计、施工管理、设备及材料采购以及综合协调能力，这些综合性知识和技能远高于对普通的项目管理人员的要求。此外，工作包负责人素质也要求高于具体的施工管理人员，虽然EPC项目的管理组成员中各种专业的管理和技术人才并不缺乏，形如MBA（Master of Business Administration）、MPA（Master of Public Administration）、PMP（Project Management Professional）等管理专家和其他的技术专家，但工作包负责人通常是在工程建设专业上的技术专家，当然必须是各方面关系管理协调的能手，不但在工程技术、设计和现场建设等方面有多年工作经验，而且在项目间的组织协同、与人沟通、对新情况的应变和对大局的控制及统筹方面均应有突出能力。

2.3 HydroBIM 在工程三大目标控制中的优势

2.3.1 现行工程项目三大目标管理方法

2.3.1.1 工程项目造价管理方法

1. 工程造价的关键组成要素

一般来说，工程造价作业可以用公式表示为

$$项目总造价 = \sum(工程量 \times 价格数据 \times 消耗量指标)$$

工程量：工程量是项目经济管理、工程造价控制的核心任务，正确、快速地计算工程量是这一核心任务的首要工作。工程量计算是编制工程预算的基础工作，具有工作量大、内容烦琐、工作费时等特点，其精确度和快慢程度将直接影响工程预算的质量和速度。

价格数据：建筑材料的种类繁多，不同种类和型号的建材价格也不一样，而且建筑市场的价格不透明，国家统一的定额价格不能做到实时更新，导致采购员无法获得准确的材料价格，直接影响到工程造价。

消耗量指标：目前使用的是各地政府制定的当地定额书，里面的消耗量指标反映的是整个地区的整体生产力水平，且更新较慢，再加上各公司生产力水平的不同，一味地根据定额书里的消耗量指标，已经无法计算出准确的工程造价。

2. 工程造价工具的转变

工程造价工作简单地说就是"算量"加"计价"。以前因为计算机技术应用很少，所以这些工作都是由手工来完成，效率低，而且容易出错。随着计算机技术和建筑业信息化技术的不断发展，工程造价行业出现了各种相应的应用软件。首先是各地的计价软件不断涌现。因为各地定额不同，以及计价软件的开发难度不高，所以每个省甚至一些地级市都有了自己的计价软件，如重庆的浩元软件，上海、武汉地区的必佳软件，江苏地区的新点智慧，以及全国范围应用较广的广联达、神机妙算等，这些软件帮助造价工程师提高了计价工作的效率，因此很快得到了广大用户的认可并且迅速普及。同时，部分软件还带有算量功能，如鲁班、清华斯威尔等。但是由于这些软件的精度参差不齐，影响到了其算量效果。

2.3.1.2 工程项目进度管理方法

一个工程项目能否在预定的时间内交付使用，直接关系到投资效益的发挥，对生产性或商业性项目来说更是如此。因此，进度管理的必要性和重要性显得尤为突出。

1. 工程项目进度管理实施系统

在工程项目建设过程中，建设单位委托监理单位进行进度控制。监理单位根据监理合同分别对建设单位、设计单位和施工单位的进度控制实施监督。各单位都按本单位编制的各种计划实施，并接受监理单位的监督。各单位的进度控制实施又相互衔接和联系，进行合理而协调的运作，从而保证进度管理总目标的实现。这就是工程项目进度管理实施系统所反映的系统关系，具体见图2.3-1。

2. 工程项目进度计划常用方法

工程项目的时间目标是其主控目标之一，所以通常需要制定多种严格的时间计划，并且按照计划严格执行，以此保证项目的时间目标。随着时间的推移、经验的积累和技术的发展，出现了多种进度计划的制订方法。它们都在不同时期、不同类型的项目中发挥过重要的作用。具体有关键日期表、横道图、"香蕉"曲线图法、关键线路法（Critical Path Method，CPM）与计划评审技术（Program Evaluation Review Technique，PERT）。

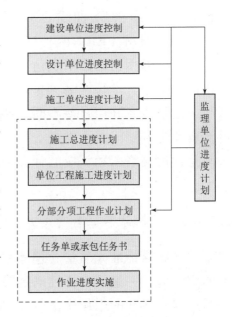

图 2.3-1 工程项目进度管理实施系统

（1）关键日期表是以表格的形式罗列出工程项目的主要活动和实施时间，是最简单的进度计划制订方法。具体做法是将项目建设活动或施工过程在表中列出，注明其开始与结束时间及是否是关键工作。它的优点是简洁、编制时间最短、费用最低；缺点是表现力差、优化调整困难。

（2）横道图也叫甘特图或者线条图，是以横线来表示每项活动的起止时间。横道图的优点是简单、明了、直观，易于编制，因此到目前为止仍然是小型项目中常用的工具。即使在大型工程项目中，它也是高级管理层了解全局和基层安排进度时有用的工具。在横道图上可以看出各项活动的开始和终了时间。在绘制各项活动的起止时间时，也考虑它们的先后顺序，但各项活动之间的关系却没有表示出来，同时也没有指出影响项目生命周期的关键所在。因此，对于复杂的项目来说，横道图就显得不足以适应要求。

（3）"香蕉"曲线图法对于一个施工项目的网络计划在理论上总是分为最早和最迟两种开始与完成时间的。因此，一般情况下任何一个施工项目的网络计划都可以绘制出两条曲线：其一是以各项工作的最早开始时间安排进度而绘制的S形曲线，称为ES曲线；其二是以各项工作的最迟开始时间安排进度而绘制的S形曲线，称为LS曲线。两条S形曲线都是从计划的开始时刻开始到完成时刻结束，因此两条曲线是闭合的。一般情况下ES曲线上的各点均落在LS曲线相应点的左侧，形成一个形如"香蕉"的曲线，故称为"香蕉"形曲线。在项目的实施中进度控制的理想状况是：任一时刻按实际进度描绘的点，应落在该"香蕉"形曲线的区域内。利用"香蕉"形曲线可以进行进度的合理安排以及施工实际进度与计划进度比较，同时还可以确定在检查状态下，后期工程的 ES 曲线和 LS 曲线的发展趋势。

（4）CPM 和 PERT 两种计划方法是分别独立发展起来的，但其基本原理是一致的，即用网络图来表达项目中各项活动的进度和它们之间的相互关系，并在此基础上，进行网络分析，计算网络中各项工作的时间参数，确定关键活动与关键路线，利用时差不断地调整与优化网络，以求得最短周期。然后，还可将成本与资源问题考虑进去，形成综合优化的项目计划方案。因为这两种方法都是通过网络图和相应的计算来反映整个项目的全貌，所以又叫作网络计划技术。

2.3.1.3　工程项目质量管理方法

我国国家标准《质量管理体系　基础和术语》（GB/T 19000—2016）对质量的定义为：一组固有特性满足要求的程度。质量的主体不但包括产品，而且包括过程、活动的工作质量，还包括质量管理体系运行的效果。工程项目质量管理是指在力求实现工程项目总目标的过程中，为满足项目的质量要求所开展的有关管理监督活动。

1. 工程质量控制系统过程

由于工程项目质量具有影响因素多、波动大、变异大、隐蔽性以及终检局限大等特点，工程项目质量管理往往会不可避免地出现一些问题；又因为工程质量的重要性，它直接影响着整个项目的最终使用功能是否达标，影响着人民群众的生命财产安全，所以在工程实践中需要投入大量的人力和财力来进行管理。同时，工程项目质量管理不是一个单一的、短期的过程，而应该是一个长期的、系统的过程。施工项目质量控制的系统过程主要分为事前质量控制、事中质量控制和事后质量控制。

在三个阶段的系统过程中，前两阶段对于工程项目最终产品质量的形成具有决定性的作用，而所投入的物质资源的质量控制对最终产品的质量又有着举足轻重的影响，所以应当对影响工程实体质量的重要因素进行全面控制。

2. 影响工程项目质量的五大因素

在工程建设中，无论是勘察、设计、施工还是机电设备的安装，影响工程质量的因素主要有"人、机、料、法、环"等五大方面，即人工、机械、材料、方法、环境，所以工程项目的质量管理主要是对这五个方面进行控制。

3. PDCA 循环在质量管理中的应用

所谓 PDCA 循环是指工程项目质量管理中围绕目标所进行的计划（plan）、实施（do）、检查（check）和处理（action）活动。随着对存在问题的解决和改进，在一次次的滚动循环中逐步上升，不断增强质量能力，提高质量水平。

每一个循环的四大职能活动相互联系，共同构成了质量管理的系统过程，如图 2.3-2 所示。

（1）计划职能包括确定质量目标和制定实现质量目标的行动方案。

（2）实施职能在于将质量的目标值通过生产要素的投入、作业技术活动和产出过程转换为质量的实际值。

（3）检查职能是指在计划实施过程中进行的各种追踪和检查，通常包括作业者的自检、互检和专职管理者的专检。

（4）处理职能是指对于检查中所发现的质量问题或者质量不合格，及时进行原因分析，采取必要的措施予以纠正，保证工程质量形成过程的受控状态。处理分为纠偏和预防改进两个方面。

4. 进度、成本、质量目标关系分析

建筑工程进度、成本、质量目标是项目施工管理的核心目标体系，在施工生产安全目标的基础上，该目标体系可以分为两个层次，如图 2.3-3 所示，下层是安全（S）目标，它是施工生产的保障，所有施工任务完成必须在满足安全目标的基础上，进而实现上层工程进度（T）、质量（Q）、成本（C）三个目标，三个目标之间存在着对立统一的关系，即最为常见的项目管理三角形。

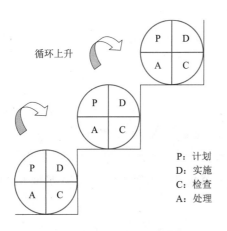

图 2.3-2　PDCA 循环示意图

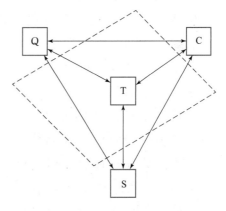

图 2.3-3　工程项目目标体系模拟图

（1）三者之间对立关系主要体现在它们之间相互影响和制约上。一般来说，对一个工程项目，如果对质量要求高，就需采用质量好的材料和设备，需要施工精工工艺，严格管理，那么一般会增加工程成本，并需要较长的施工时间，增加工程进度。如果要缩短工期，加快进度，则需要赶工加班加点或适当增加施工机械和人工，将会导致成本费用增加。此外，加快施工进度会打乱既定施工计划，使施工的各流程环节衔接出现问题，增加控制和协调的难度，对工程质量带来不利影响或留下质量隐患。如果要降低施工成本，则有可能会降低工程质量，同时如果按最低成本安排施工，整个工程项目的工期也会拉长增加。

（2）三者之间统一关系体现在相互补充上。一般来说，通过加快施工进度缩短工期虽然会增加一定的成本，但可以使整个项目施工任务提前完工，减少管理费用支出，如果节省的费用大于赶工增加的费用，则加快进度是可行的。还有，提高工程质量虽然会增加施工成本，但会降低工程施工返工概率，赢得业主信任，提高企业的美誉度，并且严格控制工程质量还能起到保证工期作用。这一切都说明了工程进度、成本和质量三大目标存在统一关系。

由于工程施工项目质量、成本和进度之间存在对立和统一的关系，实际施工中需要将三大目标作为一个系统统筹考虑、综合平衡，力求施工项目目标整体最优。

2.3.2 HydroBIM 与造价管理

1. 传统造价管理中存在的问题

（1）工程信息的共享与协同困难。目前，大部分水利工程造价虽然采用造价软件，但工程量需由结构设计人员计算后提交造价人员，之后手工录入软件编制工程造价，当工程结构变化时仍需重新提交工程量，再重复录入软件计算，专业相互之间缺乏必要的沟通与协调配合，导致效率低，且错误率高，而且由于技术手段以及数据格式等问题，造价人员所需要或者提供的项目成本数据还无法和其他部门人员直接共享，需要通过计算机处理，甚至采用手工输入等方式进行二次加工。例如在进行三算对比时，需要将设计概算、施工图预算、竣工决算三个阶段的仓储数据、财务数据、消耗数据等进行汇总和比较。传统的交流方式往往造成数据的重复录入，而且很容易因为人为失误使信息流失或产生错误，使工作效率较低。

（2）造价数据滞后性明显。我国现阶段实行的是静态与动态相结合的造价管理方式，各地区按照其社会平均成本价格和平均劳动效率编制本地区的工程预算定额和消耗量指标，然后分阶段动态调整市场价格，按月份或季度发布指导价，定期不定期地公布指导性调整系数，由此编制、审查、确定工程造价。水利工程造价估算困难的原因是多方面的。首先，建筑材料的品种、型号、价格纷繁复杂，材料价格更是瞬息万变，定期发布指导价无法与市场价格同步，以这种方式提供的造价数据与实际市场行情相差甚远；再者，消耗量指标也与市场发生了脱节，大部分企业都采用政府颁布的定额数据，由于其更新迟缓，在竞争激烈的市场环境下，不能准确、及时地反映生产力水平，即使是使用清单模式的企业，其所拥有的企业定额也严重滞后。

（3）区域性明显。由于我国各地区经济发展水平不同，自然条件也存在很大差异，几乎各省、各企业都根据自身条件制定了不同的定额标准，工程量计算规则也各不相同，因此水利行业的计价形式也呈现出明显的区域性，这样每个地区的造价员往往只对当地的造价体系比较熟悉，积累的常用业务数据和工作经验也都不具有普遍适用性，造价人员一旦更换了工作地区就需要重新开始计算，而这些数据和经验对造价工作又是至关重要的，造价机构聘请的新员工要掌握其中的精髓需要长时间的积累和摸索，无法很快胜任，所以造价人员的流动无论对造价员本身还是造价机构都会带来直接或间接的损失。为此，造价机构亟须找到一个能够将历史造价数据进行整理归档，对日后相似的项目具有参考价值的工具。

（4）精细化管理理念缺乏。精细化管理强调通过最大限度地利用资源来降低成本。体现在水利水电工程造价上，就是通过量化手段对项目投资决策到竣工验收各阶段的造价进行有效的控制和管理。而我国水利水电行业目前仍为粗放式经营，这种经营方式缺乏合理有效的运行体制，利益相关方单纯追求最终的建设目标，而忽视了在建设过程中对各个环节进行精细化控制，所以概算超估算、预算超概算、决算超预算的"三超"现象屡见不鲜，污染物产生量、能源和材料消耗也居高不下。只有将精细化管理的思想渗透到工程的各个阶段，增强参与项目各成员的成本控制意识，把定量化落实到行动上，才能使工程投资的效益达到最大化。

2. HydroBIM 在造价管理中的应用

（1）项目管理阶段。项目计划阶段主要是对工程造价进行预估，应用 BIM 技术可以为造价工程师提供各设计阶段准确的工程量、设计参数和工程参数，这些工程量和参数与技术经济指标结合，可以准确地计算完成投资估算、设计概算，再运用价值工程和限额设计等手段对设计成果进行优化。

（2）合同管理阶段。应用 BIM 技术的造价文件不仅仅是抽象的数字，而是由实体支撑，可以提取项目各部位准确的工程量。同时，算量软件与造价软件之间无缝连接，变更引起的模型变化与造价变化同步。当项目发生工程变更时，可以用变更信息及时修正 BIM 模型，从而准确统计出变更的工程造价。造价工程师根据"项目当前造价＝合同造价＋变更工程造价"原理，可以动态监控建设项目的当前造价，为投资人批准变更提供专业意见和建议，协助投资人对投资进行严格的控制，做到充分利用建筑信息模型进行造价管理。同时，

BIM 技术可框图出价，通过条件统计和区域选择即可生成阶段性工程造价文件，便于进度款的支付统计，以及进行工程造价的多算对比。将 BIM 模型数据上传到服务器端，项目管理团队通过互联网可以快速准确获得工程量及工程变更数据，造价工程师、承包商、业主可使用网络共享的 BIM 数据模型实现网上工程量对数业务。

　　建立一个完整的 BIM 模型需要耗费许多精力，而目前 BIM 技术在设计市场还未普及，对于一个已经设计完成的项目（未建立 BIM 模型），其后续过程仍然可以使用 BIM 软件建立符合现有需求的 BIM 模型，即目前业内经常采用的"分布式"BIM 模型方法。

　　3. HydroBIM 在造价管理中应用的优越性

　　由于水利水电工程造价具有大额性、个别性、动态性、层次性、兼容性的特点，HydroBIM 技术在水利水电建设项目造价管理信息化方面有着传统技术不可比拟的优势：

　　（1）提高算量工作的效率和准确性。工程量计算是编制工程预算的基础，相比于传统方法的手工计算，通过 BIM 技术建立 HydroBIM 模型能够自动识别各类构件，快速抽调计算工程量，及时捕捉动态变化的结构设计，有效避免漏项和错算，提高清单计价工作的准确性。利用建立的 BIM 模型进行实体减扣计算，对于规则或者不规则的构件都可以同样准确计算。同时，基于 HydroBIM 的自动化算量方法将造价工程师从烦琐的劳动中解放出来，为造价工程师节省更多的时间和精力用于更有价值的工作中，如询价、评估风险等，并可以利用节约的时间编制更精确的预算。

　　（2）合理安排资源，做好实施过程成本控制。利用 HydroBIM 模型提供的数据基础可以合理安排资金计划、人工计划、材料计划和机械台班的使用计划。在 HydroBIM 模型所获得的工程量上赋予时间信息，就可以得到任意时间段的工程量，进而得到任意时间段的工程造价，根据这些信息来制定资金计划。同时，还可以根据任意时间段的工程量，分析出所需要的人工、材料和机械台班的数量，合理安排工作。

　　（3）控制设计变更。设计变更在现实中频繁发生，传统的方法无法很好地应对。首先，可以利用 HydroBIM 技术的模型碰撞检查工具优化方案、消除工艺管线冲突，尽可能地减少变更的发生。同时，当变更发生时，利用 HydroBIM 模型可以把设计变更内容关联到模型中，只要把模型稍加调整，相关的工程量变化就会自动反映出来，不需要重复计算，甚至可以把设计变更引起的造价变化直接反馈给设计师，使他们从造价控制的角度对工艺和方案进行比选优化，清楚地了解设计方案的变化对工程造价产生了哪些影响，从而有效控制设计变更，降低工程投资。

（4）方便历史数据积累和共享。以往工程的造价指标、含量指标，对以后项目工程的估算和审核具有非常大的借鉴价值，造价咨询单位视这些数据为企业核心竞争力。现阶段的工程造价数据通常都是以纸质形式存档或以 Excel 表格、Word 文档的电子格式保存在硬盘中，无论采用哪种形式保存，它们都是孤立存在的，而一个项目在建设过程中产生的数据量是相当庞大的，要想迅速准确地找到需要的数据很困难，这给后期查找带来很大的不便。有了 Hydro-BIM 技术后，可以将所有的数据整合到同一个数据库中，形成可以共享的 BIM 数据库，利用 HydroBIM 模型可以对相关指标进行详细、准确地分析和抽取，并且形成电子资料，方便保存和共享，不仅调取时方便快捷，而且项目的任何一个参与方更新的数据都会被其他参与者共享，保证输出的数据的最新性。

企业建立自身的 BIM 数据库和造价指标库，不仅能把历史项目数据积累起来，使得企业内部员工在编制新项目的造价文件时可以很方便地调取经验数据，借鉴相似工程的指标，从而更加准确地进行报价，而且借助于造价软件的自动计算和自动扣减功能，造价工程师可以不用花大量时间记忆工程量计算规则，能够快速掌握其中的精髓，从而使企业避免了人员流动带来的损失。

（5）有利于项目全过程造价管理。主要包括投资决策阶段、设计阶段、招标投标阶段、施工阶段和结算阶段五个过程。

1）投资决策阶段是项目建设各阶段中最为关键的一步，对不同的投资方案进行经济、技术论证，比较后选择出最佳方案。根据相关资料的统计，投资决策阶段对工程造价的影响程度高达 80%～90%，决策的失误往往会给企业带来无法挽回的损失，甚至使企业陷入经济危机，所以项目决策阶段需要引起高度重视。决策阶段的内容是决定工程造价的基础，正确的投资决策需要对各个方案的成本有准确的把握，因此，在技术可行的前提下，对各个方案进行投资估算是十分必要的过程。

建设单位或承包商在决策时可以通过 BIM 模型使项目方案与财务分析工具集成，修改相应参数，实时获得各项目方案的投资收益指标，提高决策阶段项目预测水平，从而帮助建设单位或承包商进行决策。

2）设计阶段的概算编制取决于设计深度、资料完备程度和对概算的精确程度要求。当设计资料不足，只能提供建设地点、建设规模、单项工程组成、工艺流程和主要设备选型，以及建筑、结构方案等概略依据时，可以选择类似工程的预算或决算作为基础，经分析、研究和调整系数后进行编制；如无类似工程的资料，则采用概算指标进行编制；当设计达到一定深度，能提供详细设备清单、管道走向线路简图、建筑和结构型式及施工技术要求等资料时，则按概算定额和费用指标进行编制。在 BIM 软件的支持下，设计人员可以在投资决策阶段的模型基础上进行修改和完善，将完善后的模型重新导入 BIM 算量软件，再将统计的工程量文件导入 BIM 造价软件，从而形成比投资估算更加精确的项目概算书。

3）招标投标阶段，招标方在招标之前要进行一项重要的准备工作——编制标底文件。标底是招标工程的期望价格，可以由招标方自行编制，也可以委托具有资质的相关单位编制，它是判断投标报价合理性的依据，应该控制其不超过概算投资。在使用 BIM 进行造价管理的情况下，招标方可以通过设计方提供的 BIM 模型直接抽取项目的全部工程量信息，有效避免漏项情况的发生，并从软件中获取最接近市场的价格编制标底。

招标方在发放招标文件时可以将 BIM 模型连同工程量清单一起发放给拟投标单位，投标方根据招标文件要求和企业自身的技术及管理水平填报单价。由于 BIM 模型中的构件与工程量信息是相关联的，报价时还可以利用招标方提供的 BIM 模型快速核准招标文件中工程量清单的正确性，而不需要将大量的时间浪费在工程量复核上。

4）施工阶段，建设单位可以利用 BIM 技术合理安排资金，审核进度款的支付，特别是对于设计变更，可以快速调整工程造价，并且关联工程相关构件，便于结算。

施工单位可以利用 BIM 模型按时间、工序、区域等需要快速导出工程造价，便于成本控制，做精细化管理。例如控制材料用量，合理确定材料价格。在工程造价的控制中，材料价格的控制是主要的，材料费在工程造价中往往占有很大的比重，一般占预算费用的 70%，占直接费用的 80% 左右。因此必须在施工阶段严格按照合同中的材料用量控制，合理确定材料价格，从而有效地控制工程造价。控制材料用量最好的办法就是限额领料，目前施工管理中限额领料手续流程虽然很完善，但是没有起到实际效果。关键是因为领用材料时审核人员无法判断领用数量是否合理。利用 BIM 技术可以快速获得这些数据，并且进行数据共享，相关人员可以调用模型中的数据进行审核。

5）结算阶段，结算时容易出现问题的地方主要有以下几个方面：①对施工合同及现场签证理解有出入时，单方面作出有利于施工方的解释，出现理解性差错；②因缺少调查和可靠的第一手数据资料，预算定额、计价表或补充定额含有较多的不合理性，以致实际发生费用与定额相距甚远；③一些施工单位为了单方面获得较多收入，采用多计工程量、高套定额等方式高估冒算；④因工程造价人员业务水平的参差不齐，以致结算失真。

BIM 模型的准确性保证了结算的快速准确，结算的大部分核对工作在施工阶段完成，减少双方的扯皮，加快结算速度。

（6）有利于工程造价不同维度的多算对比。对于施工单位来说，造价管理中最重要的一环就是成本控制，而成本控制最有效的手段就是进行工程项目的多算对比。三个维度，即时间、工序、区域（空间位置）。这就要求能够快速高效地拆分、汇总实物量和造价的预算数据，以往的手工预算是无法支持这样巨大的工作量的。基于 HydroBIM 模型可以实现不同维度的多算对比，因为 BIM 模型可以赋予工程构件时间信息、工序信息、区域位置信息等，在数据库的支撑下，可准确快速实现任意条件的统计和拆分，保证了短周期、多维度成本分析的需要。

2.3.3　HydroBIM 与进度管理

1. 传统进度管理中存在的问题

（1）由设计所引起的进度管理问题。首先，设计阶段的主要内容是完成施工所需图纸的设计，通常一个项目的整套图纸少则几十张，多则成百上千张，有时甚至数以万计，图纸所包含的数据庞大，设计者和审图者的精力有限，存在错误是不可避免的；其次，项目各个专业的设计工作是独立完成的，这就导致各专业的二维图纸所表现的内容在空间上很容易出现碰撞和矛盾。如果上述问题没有被提前发现，而是到施工阶段才表现出来，就势必会对工程项目的进度产生影响。

（2）进度计划编制不合理带来的问题。目前在工程项目进度管理中，多采用甘特图、网络图、关键线路法，配合使用 Project、P6 等项目管理软件，进行进度计划的制定和控制。工程项目进度计划的编制很大程度上依赖于项目管理者的经验，虽然有施工合同、进度目标、施工方案等客观条件的支撑，但是项目的唯一性和个人经验的主观性难免使进度计划出现不合理的地方，并且现行的编制方法和工具相对比较抽象，不易对进度计划进行检查，一旦计划出了问题，那么按照计划所进行的施工过程必然也不会顺利。这些计划制定以后，经过相关方审批，直接用于进度控制。现场设计变更及环境变化现象时有发生，计划过于刚性，调整优化复杂，工作量大，会导致实际进度与计划逐渐脱离，计划控制作用失效。

（3）人员素质问题。随着施工技术的发展和新型施工机械的应用，工程项目施工过程越来越趋于机械化和自动化。但是，保证工程项目顺利完成的主要因素还是人，施工人员的素质是影响项目进度的一个主要方面，施工人员对施工图纸的理解、对施工工艺的熟悉程度等因素都对项目能否按计划顺利完成产生影响。

（4）参与者众多，环节沟通不畅带来的进度问题。水利水电工程项目由于自身特点，需要多方参与共同完成。各参与方除完成自身团队管理外，还要做好与其他相关方的协调。协调不力，会直接导致工程进度延误。当前的工程模式，项目利益相关方并不能充分协作，不利于项目目标的实现。例如，供应商不能按期、保质、保量地供应材料设备，部分施工工序不能及时开展；施工各方关于机械设备的使用出现争抢与纠纷；施工段划分不合理，流水组织不力，出现部分劳动力窝工；业主单位工程款无法按期支付等，都会影响工程进度，造成工期的延误。

（5）施工环境的影响问题。水利水电工程项目建设过程十分复杂，既受到当地地理位置、地形地貌、地质条件、气候特征等自然环境的影响，又受到交通设施、区域位置、供水供电等社会环境的影响。劳动力、材料设备、施工机具等资源因素，施工技术因素，道德意识、业务素质、管理能力等人为因素，政治、经济、自然灾害等风险因素都会影响到工程项目的进度管理。项目实施过程中任何不利的环境因素都有可能对项目进度产生严重影响。多种因素的综合影响，直接导致事前控制不力、应急计划不足、管理无法到位的现象发生。

2. HydroBIM 在进度管理中的应用

（1）进度计划制订。BIM 模型的应用为进度计划制订减轻了负担。进度计划制订的依据除了各方对里程碑时间点的要求和总进度要求外，重要的依据就是工程量。一般该工作由手工完成，烦琐、复杂且不精确，应用 BIM 软件平台后，这项工作变得简单易行。利用 BIM 模型，通过软件平台将数据整理统计，可精确核算出各阶段所需的材料用量，结合国家颁布的定额规范及企业实际施工水平，就可以简单计算出各阶段所需的人员、材料、机械用量，通过与各方充分沟通和交流建立 4D 可视化模型和施工进度计划，方便物流部门及施工管理部门为各阶段工作做好充分的准备。

（2）进度计划控制。BIM 技术的应用让进度控制有据可循、有据可控。在 BIM 的施工管理中，把经过各方充分沟通和交流建立的 4D 可视化模型和施工进度计划作为施工阶段工程实施的指导性文件。在施工阶段，各专业分包商都将以 4D 可视化模型和施工进度为依据进行施工的组织和安排，充分了解下一步的工作内容和工作时间，合理安排各专业材料设备的供货和施工的时间，严格要求各施工单位按图（模型）施工，防止返工、进度拖延的情况发生。

（3）进度计划调整。BIM 的 4D 模型是进度调整工作有力的工具。当变更发生时，可通过对 BIM 模型的调整使管理者对变更方案带来的工程量及进度影响一目了然。管理者以变更的工程量为依据，及时调整人员物资的分配，将由此产生的进度变化控制在可控范围内。同时在施工管理过程中，可以通过实际施工进度情况与 4D 虚拟施工进行比较，直接地了解各项工作的执行情况。当现场施工情况与进度预测有偏差时，及时调整并采取相应的措施。通过将进度计划与企业实际施工情况不断地对比，调整进度计划安排，使企业在施工进度管理工作上能全面掌控进度。

3. HydroBIM 在进度管理中应用的优越性

从环境因素、资源因素、技术因素、风险因素和人为因素五个角度，分析得出 HydroBIM 技术对现存问题的解决情况，体现 HydroBIM 技术的优越性。

（1）环境因素。虚拟建造和四维模拟功能可在一定程度上评估项目周围环境，并预测对项目造成的影响，提前制定方案，做好预防措施。

（2）资源因素。四维模拟功能辅助资源分配和动态场地资源管理可通过资源直方图和资源曲线对资源需求进行跟踪，并实时查看资源信息，减少资源不足或资源过度的问题。基于 BIM 的进度管理系统辅助动态成本控制，可通过赢得值分析等功能，及时查看并跟踪项目成本预算，减少资金问题带来的工期影响。

（3）技术因素。虚拟建造功能提供施工场地虚拟布置和优化，四维模拟可对施工场地进行实时展示和动态跟踪，确保场地布置的合理性。施工过程模拟可对部分施工工艺进行预演，并做调整和优化，确保其合理性。可建性模拟可验证部分施工方案的合理性，并提出优化措施。基于 BIM 的系统可通过网络图、甘特图、四维模拟和动态跟踪，对比项目进度，大大降低理解难度。模型与时间整合后，三维展示和四维模拟有利于进度计划的编制、表达和优化，提高进度计划的合理性。

（4）风险因素。项目三维模型动态跟踪可实时提醒项目安全隐患，并在施工中模拟滚动显示，方便施工人员随时查看，减少安全事故的发生。

（5）人为因素。虚拟建造和四维模拟可在一定程度上预见施工过程的不确定性，做好部分问题的事前防范。基于 BIM 信息平台的协作与交流，确保信息在不同阶段及不同参与方间的共享和无损传递。

2.3.4 HydroBIM 与质量管理

1. 传统质量管理中存在的问题

（1）施工人员专业技能不足。工程项目一线操作人员的素质是工程质量高低、优劣的决定性因素。工人们的工作技能、职业操守和责任心都对工程项目的最终质量有重要影响。但是现在的建筑市场上，施工人员的专业技能普遍不高，绝大部分没有参加过技能岗位培训或未取得有关岗位证书和技术等级证书。很多工程质量问题的出现都是施工人员的专业技能不足造成的。

近几年，水利水电行业加大了人员培训和队伍建设力度，施工、监理、质监等队伍和机构建设大大加强，但质量管理专职人员力量仍较薄弱，专业素质难以满足工程要求。少数现场质量管理人员责任心不强，不按施工规程和监理有关规定操作。工人素质不高，存在偷工减料现象等。

（2）材料的使用不规范。国家对水利水电工程中水泥、粉煤灰、外加剂、钢材等材料的质量有着严格的规定和划分，施工中的材料必须达到使用质量标准要求，但是往往在实际施工过程中对材料质量的管理不够重视，个别施工单位为了追求额外的效益，会有意无意地在工程项目的建设过程中使用一些不规范、不合格的工程材料。原材料存在的质量问题将给施工质量以及工程的安全运行留下隐患。

（3）不按设计或规范施工。为了保证工程建设项目的质量，在水利水电工程建设过程中，从建筑物基础开挖、基岩灌浆处理到混凝土浇筑（土石坝体填筑）、金属结构及机电设备安装，国家制定了一系列有关工程项目各个专业的质量标准和规范。同时每个项目都有自己的设计资料，规定了项目在实施过程中应该遵守的规范。但是在项目实施的过程中，有的工程在施工过程中未能按照水利部颁布的有关施工技术规范严格控制每道施工工序的质量，出现的问题较多。一是因为人们对设计和规范的理解存在差异；二是由于管理的漏洞，造成工程项目无法实现预定的质量目标。

（4）各个专业工种相互影响。工程项目的建设是一个系统、复杂的过程，需要不同专业、工种之间相互协调、相互配合才能很好地完成。但是在工程实际中往往由于专业的不同，或者所属单位的不同，各个工种很难在事前做好协调沟通，这就造成在实际施工中各专业工种配合不好，使得工程项目的进展不连续，或者需要经常返工，以及各个工种之间存在碰撞，甚至相互破坏、相互干扰，严重影响了工程项目的质量。

2. HydroBIM 在质量管理中的应用

（1）产品质量管理。就建筑产品物料质量而言，BIM 模型储存了大量的建筑构件、设备信息。通过软件平台，从物料采购部、管理层到施工人员个体可快速查找所需的材料及构配件信息，规格、材质、尺寸要求等一目了然，并可根据 BIM 设计模型，跟踪现场使用产品是否符合设计要求，通过先进测量技术及工具的帮助，可对现场施工作业产品进行追踪、记录、分析，掌握现场施工的不确定因素，避免不良后果的出现，监控施工质量。

（2）技术质量管理。施工技术的质量是保证整个建筑产品合格的基础，工艺流程的标准化是企业施工能力的表现，尤其当面对新工艺、新材料、新技术时，正确的施工顺序和工法、合理的施工用料将对施工质量起决定性的影响。BIM 的标准化模型为技术标准的建立提供了平台。通过 BIM 的软件平台动态模拟施工技术流程，由各方专业工程师合作建立标准化工艺流程，通过讨论及精确计算确定，保证专项施工技术在实施过程中细节上的可靠性。再由施工人员按照仿真施工流程施工，确保施工技术信息的传递不会出现偏差，避免实际做法和计划做法不一样的情况出现，减少不可预见情况的发生。

同时，可以通过 BIM 模型与其他先进技术和工具相结合的方式，如激光测绘技术、RFID 射频识别技术、智能手机传输、数码摄像探头、增强现实等，对现场施工作业进行追踪、记录、分析，在第一时间掌握现场的施工动作，及时发现潜在的不确定性因素，避免不良后果的出现，监控施工质量。

3. HydroBIM 在质量管理中应用的优越性

在项目质量管理中，BIM 技术通过数字建模可以模拟实际的施工过程和存储庞大的信息。对于那些对施工工艺有严格要求的施工流程，应用 BIM 技术除了可以使标准操作流程"可视化"外，也能够做到对用到的物料以及构建需求的产品质量等信息随时查询，以此作为对项目质量问题进行校核的依据。对于不符合规范要求的，则可依据 BIM 模型中的信息提出整改意见。同时要看到，传统的工程项目质量管理方法经历了多年的积累和沉淀，有其实际的合理性和可操作性。但是，由于信息技术应用的落后，这些管理方法的实际作用得不到充分发挥，往往只是理论上的可能，实际应用时会困难重重。BIM 技术的引入可以充分发挥这些技术的潜在能量，使其更充分、更有效地为工程项目质量管理工作服务。

（1）BIM 在质量控制系统过程中的优势。质量控制的系统过程包括事前控制、事中控制、事后控制，而有关 BIM 的应用主要体现在事前控制和事中控制中。

应用 BIM 的虚拟施工技术，可以模拟工程项目的施工过程，对工程项目的建造过程在计算机环境中进行预演，包括施工现场的环境、总平面布置、施工工艺、进度计划、材料周转等情况都可以在模拟环境中得到表现，从而找出施工过程中可能存在的质量风险因素，或者某项工作的质量控制重点。对可能出现的问题进行分析，从技术上、组织上和管理上等方面提出整改意见，反馈到模型当中进行虚拟过程的修改，从而再次进行预演。反复几次，工程项目管理过程中的质量问题就能得到有效规避。用这样的方式进行工程项目质量的事前控制比传统的事前控制方法有着明显的优势，项目管理者可以依靠 BIM 的平台做出更充分、更准确的预测，从而提高事前控制的效率。

　　BIM 在事前控制中的作用同样也体现在事中控制中。另外，对于事后控制，BIM 能做的是对于已经实际发生的质量问题，在 BIM 模型中标注出发生质量问题的部位或者工序，从而分析原因，采取补救措施，并且收集每次发生质量问题的相关资料，积累对相似问题的预判经验和处理经验，为以后做到更好的事前控制提供基础和依据。BIM 技术的引入更能发挥工程质量系统控制的作用，使得这种工程质量的管理办法能够更尽其责，更有效地为工程项目的质量管理服务。

　　例如黄登水电站项目，该项目是由昆明院承担，致力于促进水利水电行业 HydroBIM 的创新及发展，力求打造完美的工程项目之一，如图 2.3 – 4 所示。

图 2.3 – 4　黄登水电站项目效果图

　　该项目在二期工程实施过程中引入 BIM 技术，基于 BIM 的三维可视化特性，解决了工程中设计方、施工方的沟通协调问题，对项目进行了设计优化。鉴于招标文件的要求，项目进入施工阶段时，施工方提供了 BIM 咨询服务。利用工程建筑信息模型，在项目修建之前就利用其冲突检测功能进行了项目的可靠性验证，分析了项目设计的可建设性，减少工程错误。此外，施工方在建筑信息模型的基础上，添加时间信息，构成 4D 信息模型，对项目的施工顺序、施工组织进行模拟和展示，同时找出其施工计划中可能出现的干涉和碰撞，这样就降低了现场因施工顺序和工艺变更带来的风险，减少了工程建设中的返工，确保了工程质量。

（2）BIM 在影响工程项目质量的五大因素控制中的优势，主要体现在人工控制、机械控制、材料控制、方法控制和环境控制五个方面。

1）人工控制。BIM 的应用可以提高管理者的工作效率，从而保证管理者对工程项目质量的把握。BIM 技术引入了富含建筑信息的三维实体模型，使管理者对所要管理的项目有一个提前的认识和判断，并根据自己以往的管理经验，对质量管理中可能出现的问题进行罗列，判断今后工作的难点和重点，做到心中有数，减少不确定因素对工程项目质量管理产生的影响。

操作者的工作效果对工程项目的质量产生直接的影响。BIM 技术的引入可以为工人进行工作任务的预演，让他们清楚准确地了解自己的工作内容，并且明白自己工作中的质量控制要点如何体现，在实际操作中多加注意，尽量避免因主观因素产生的质量问题。

2）机械控制。引入 BIM 技术，可以模拟施工机械的现场布置，对不同的施工机械组合方案进行调试，如塔吊的个数和位置，现场混凝土搅拌装置的位置、规格，施工车辆的运行路线，等等。用节约、高效的原则对施工机械的布置方案进行调整，寻找适合项目特征、工艺设计以及现场环境的施工机械布置方案。

3）材料控制。工程项目所使用的材料是工程产品的直接原料，所以工程材料的质量对工程项目的最终质量有着直接的影响，材料管理也对工程项目的质量管理有着直接的影响。BIM 技术的 5D 应用可以根据工程项目的进度计划，并结合项目的实体模型生成一个实时的材料供应计划，确定某一时间段所需要的材料类型和材料量，使工程项目的材料供应合理、有效、可行。

历史项目的材料使用情况对当前项目使用材料的选择有着重要的借鉴作用。整理收集历史项目的材料使用资料，评价各家供应商产品的优劣，可以为当前项目的材料使用提供指导。BIM 技术的引入可以对每一项工程使用过的材料添加上供应商的信息，并且对该材料进行评级，最后在材料列表中归类整理，以便于日后相似项目的借鉴应用。

4）方法控制。引入 BIM 技术可以在模拟的环境下对不同的施工方法进行预演示，结合各种方法的优缺点以及该项目的施工条件，选择符合该项目施工特点的工艺方法；也可以对已选择的施工方法进行模拟项目环境下的验证，使各个工作的施工方法与项目的实际情况相匹配，从而做到对工程质量的保证。

5）环境控制。引入 BIM 技术可以将工程项目的模型放入模拟现实的环境中，应用一定的地理、气象知识分析当前环境可能对工程项目产生的影响，提前进行预防、排除和解决。在丰富的三维模型中，这些影响因素能够立体直观地体现出来，有利于项目管理者发现问题并解决问题。

（3）BIM 在质量管理 PDCA 循环中的优势。PDCA 循环是通过长期的生产实践和理论研究形成的，是建立质量体系和进行质量管理的基本方法。BIM 技术的引入可以在很大程度上提升 PDCA 循环的作用效果，使其更好地为工程项目的质量管理服务。

1）计划。BIM 的引入可以使项目的各个参与方在一个明确统一的环境下，根据其在项目实施中所承担的任务、责任范围和质量目标，分别制订各自的质量计划，同时保证各自的计划之间逻辑准确、连接顺畅、配合合理。再将各自制订的质量计划形成一个统一的质量计划系统，保证这一系统的可行性、有效性和经济合理性。

2）实施。BIM 技术由于其可视性强，所以有助于行动方案的部署和技术交底。由于计划的制订者和具体的操作者往往并不是同一个人，所以两者之间的沟通就显得非常重要。在 BIM 环境下进行行动方案的部署和交底，可以使具体的操作者和管理者更加明确计划的意图和要求，掌握质量标准及其实现的程序和方法，从而做到严格执行计划的行动方案，规范行为，把质量管理计划的各项规定和安排落实到具体的资源配置和作业技术活动中去，保证工程项目实施的质量。

3）检查。BIM 的引入可以帮助操作者对计划的执行情况进行预判，结合自己这一阶段的工作内容，以及 BIM 环境下下一阶段的计划内容，判断两者连接是否顺畅，确定实际条件是否发生了变化，原来计划是否依然可行，不执行计划的原因等。BIM 技术可以方便快捷地对工程项目的实际情况和预先的计划进行比较，清楚地找出计划执行中存在的偏差，判断实际产出的质量是否达到标准的要求。

4）处理。对于处理职能，BIM 技术的优越性主要体现在预防改进上，即将工程项目目前质量状况信息反馈到管理部门，反思问题症结，确定改进目标和措施。可以在 BIM 模型上出现质量问题的地方进行批注，形成历史经验，以便更好地指导下一次的工程实践，为今后类似质量问题的预防提供借鉴。

阿海水电站从 2008 年底开始全面规划和实施 BIM 技术，项目设计方、施工方和业内专家合作推动项目在设计和施工过程中全方位实施 BIM 技术。首先设计方应用 BIM 工具创建了项目的模型，并通过模型的碰撞检测，发现了各专业设计冲突的问题，通过反复检查和修改，这些问题得以及时解决，确保了提交的施工图纸的质量。进入施工阶段，BIM模型继续用于支持施工的方案优化、四维施工模拟、施工现场管理和质量监控，提高施工过程的数字化水平，确保工程的质量。

2.4　HydroBIM-EPC工程总承包管理模式研究

2.4.1　价值驱动模式分析

工程建设行业正在出现新的变革，以BIM为代表的新型信息化、数字化技术为工程管理提供新的方式。在现有总承包管理模式的基础上，由业主单位和EPC总承包单位双方的需求驱动，提出与BIM结合的EPC工程总承包管理模式。

（1）业主单位要求推动。根据供求理论分析，需求是形成有效市场的动因，建设单位是推动BIM技术在EPC总承包中应用的主导方、需求方。若建设单位有需求，承包商即使没有EPC总承包能力和BIM应用的积极性，也会尽快响应建设单位的需求，发展这方面的能力；反之，若建设单位无需求，即使承包商有EPC总承包能力和BIM应用的积极性，也不能形成有效市场。

（2）EPC总承包单位主动发展。理论和实践证明，EPC总承包是一种有效的工程承包模式，水电市场的国际环境和国内发展客观上要求水电企业适应并发展EPC总承包业务。EPC总承包的总价合同特点，必将调动承包商成本控制的积极性，并使方案设计和投标报价更具竞争力，BIM作为一种先进的辅助投标和辅助设计施工管理工具，也应被结合采用。

具有EPC总承包能力的工程公司是集勘察、设计、采购和施工管理、试运行一体化的专业工程公司，同时EPC总承包服务于业主。EPC总承包公司和业主双方都是为了更好地提高价值，但是价值在双方的体现方式是不同的：对于EPC总承包的工程公司来说，价值＝收入/成本；对业主而言，价值＝功能/费用。而这里业主的费用包含两个方面，即获得产品（项目交付使用）而支出的费用和项目交付使用后的运营费用。所以双方对价值的提高是相互矛盾的。EPC总承包商和业主都可以提高价值的途径有五种：①提高功能，降低成本，大幅提高价值；②功能不变，降低成本，提高价值；③功能有所提高，成本不变，提高价值；④功能略有下降，成本大幅度降低，提高价值；⑤适当提高成本，大幅度提高功能，从而提高价值。

2.4.2 BIM 的实施流程

BIM 环境下的项目管理实施路线，主要内容是 BIM 应用下参与方任务和责任的详细界定。以下根据项目参与方工作阶段划分，规划了 BIM 应用在工程项目中的具体实施整体流程。

（1）制定项目章程。通过召开项目启动会，介绍项目基本情况，界定项目参与方，明确项目整体目标、项目范围、项目总体计划等信息，确定业主方总负责人、各参与方负责人、总协调人等主要人员信息，使参与方朝着一致目标开展工作。

（2）确认 BIM 范围。由于不同的 BIM 应用均涉及多个参与方，需要对各方的工作内容进行书面界定，重点包括基于 BIM 应用的配合工作、参与周期、输出成果等。

（3）组建实施团队。组建包括各参与方的联合项目团队，明确各方人员职责和人员配备情况，形成项目通讯录。

（4）编制实施计划。各参与方基于各自服务范围，结合项目目标和总工期要求，编制各自的实施计划，详细分解服务内容。体现本单位与其他单位的配合工作，各项工作的输入输出、持续时间、所需资源等信息，统一汇总到业主方，形成项目整体计划。

（5）跟踪实施过程。各参与方按照各方实施计划开展工作，定期向业主汇报工作成果、实施计划，并及时根据项目进度和业主意见进行调整。

（6）验收实施成果。根据建筑生命周期阶段，根据各方服务范围和验收标准，对各方各阶段 BIM 应用场景的成果进行验收，双方签署意见。

（7）项目总结。各阶段 BIM 场景应用结束后，业主负责对实施成果进行最终评价，分析应用成果、过程问题等，并形成总结报告，以指导下一轮 BIM 应用。

BIM 应用工作遵从 PDCA 循环策略，以保证工作质量：

1）P（Plan），各参与方在启动某项/某阶段 BIM 应用前，必须提交工作计划由业主审核通过方可执行，工作计划至少由时间、资源、成果三部分构成，计划的完成以工作成果的提交为依据。

2）D（Do），各方按照批准的计划安排工作，并定期向业主汇报工作进展。

3）C（Check），由业主定期审核计划执行情况，分析 BIM 应用过程中存在的问题，形成问题清单。

4）A（Action），对总结检查的结果进行处理，在下一轮 BIM 应用工作中避免。

2.4.3　EPC总承包模式下BIM应用分析

2.4.3.1　设计阶段

在建设项目设计阶段，传统CAD存在很多缺点，例如2D图纸冗繁、变更频繁、错误率高、协作沟通困难等，而BIM具有巨大的价值优势。

（1）确保概念设计阶段决策无误。在概念设计阶段，设计人员需要针对拟建项目的选址、外形、方位、结构型式、施工与运营概算、耗能与可持续发展等问题作出决策。BIM技术可以为更多的参与方投入到该阶段提供平台，并且可以对各种不同的方案进行模拟分析，提高分析决策的反馈效率，保证决策的可操作性与正确性。

（2）提高3D模型绘制的效率与准确性。与CAD技术不同，3D模型需要由多个2D平面图创建。BIM软件可以直接在3D平台上绘制3D模型，并且3D模型可以生成所需的任何平面视图，这更加准确和直观。它为项目参与者（如业主、建筑方、预制构件和设备供应商）之间的沟通和协调提供了平台。

（3）有利于多个系统的设计协作进行，提高设计质量。对于传统的建筑工程设计模式来说，建筑、结构、暖通、机电、通信、消防等各专业之间很容易发生冲突，且很难解决，BIM模型可以在空间上协调建设项目的各个系统，消除冲突，大大缩短设计时间，减少设计错误和漏洞。同时，结合BIM建模工具相关的分析软件，对拟建项目的结构合理性、空气循环、光照、温控、隔音、供水、污水处理等进行分析，基于分析结果对BIM模型不断完善。

（4）对于设计变更可以灵活应对。BIM模型自动更新规则，允许项目参与者灵活地响应设计变更，减少施工方和设计方持有的图纸之间不一致的情况。例如，对于施工计划的细节变更，Revit软件会自动对所有相关位置进行更新和修改，如立面图、剖面图、3D界面、图纸信息列表、进度、预算等。

（5）提高可施工性。设计图纸的实际可施工性是国内工程建设中经常遇到的问题。由于专业化程度的提高和我国大多数建筑工程设计施工的局限性，设计人员与施工人员之间的沟通非常少，很多设计人员缺乏施工经验，交流存在障碍，极易导致施工人员难以甚至无法按照设计图纸进行施工。BIM可以通过提供3D平台，加强设计与施工之间的沟通，让经验丰富的施工管理人员参与到施工前期；可以构建可施工性的概念，进一步推广EPC总承包项目管理模式等新的项目管理模式以解决可施工性的问题。

（6）为精确化预算提供便利。在任何一个设计阶段，BIM 技术都可以根据现有 BIM 模型的工程量，按照定额定价模型给出项目的总概算。随着初步设计的不断深入，项目的建设规模、设备类型、结构性质等都会发生变化和修改。BIM 模型平台生成的项目预算可以为项目参与者在签订招投标合同前提供决策参考，也可以为最终的设计预算提供依据。

（7）利于低能耗和可持续发展设计。在设计初期，可以使用与 BIM 模型具有互用性的能耗分析软件，将低能耗和可持续发展注入设计中，这是传统二维工具无法做到的。传统的二维技术只能在设计完成后，使用独立的能耗分析工具进行干预，大大降低了修改设计以满足低能耗要求的可能性。此外，与 BIM 模型具有互用性的其他各种软件对提高建设项目的整体质量起到了重要作用。

2.4.3.2 招标采购阶段

BIM 技术的推广和应用极大地提高了招标管理的精细化和管理水平。在招标过程中，招标方可以根据 BIM 模型编制准确的工程量清单，实现计算的完整、快速、准确，有效地避免漏项和错算等情况，最大程度地减少施工阶段因工程量问题而引起的纠纷。

在招标控制过程中，核心关键是准确全面的工程量清单。工程量计算是招投标阶段耗费时间和精力最多的一项重要工作。BIM 是一个丰富的工程信息数据库，可以提供工程计算所需要的真实的物理和空间信息。有了这些信息，计算机可以快速对各种零件进行统计分析，从而大大减少了手工操作的烦琐和图纸统计工作可能产生的误差，大大提高了效率和准确性。

（1）建立或复用设计阶段的 BIM 模型。在招标阶段，各专业的 BIM 模型建立是 BIM 应用的重要基础工作。BIM 模型建立的质量和效率直接影响后续应用的成效。复用和导入设计软件提供的 BIM 模型，生成 BIM 算量模型，可以避免重新建模所带来的大量手工工作及可能产生的错误。

（2）基于 BIM 的快速、准确计算。通过 BIM 计算，可以大大提高工程量计算的效率。基于 BIM 的自动计算方法将人们从手工劳动中解放出来，为更有价值的工作节省了更多的时间和精力，如询价、风险评估等，可以更准确地利用节省下来的时间进行精确的预算。

在 BIM 计算的基础上，提高了工程量计算的准确性。工程量的计算是编制工程预算的基础，但计算过程十分烦琐，造价工程师由于各种人为因素容易造成许多计算误差。BIM 模型是一个存储项目构件信息的数据库，可以为造价人员提供造价编制所需的项目构件信息，从而大大减少了根据图纸手工识别构件信息的工作量和由此产生的潜在误差。因此，BIM 的自动计算功能可以使工程量计算工作摆脱人为因素的影响，获得更加客观的数据。

（3）BIM 与采购的对接。物资采购管理是企业经营、生产和科研的重要保证。在科学技术飞速发展的今天，材料和产品种类繁多，材料产品加速发展，以及市场经济环境迅速变化，使得企业尤其是大中型企业都在材料采购管理方面实施科学管理并推进信息化建设。提高物资采购管理水平，降低物资综合成本，优化物资采购模式，已成为企业不断提高自身竞争力的课题。

BIM 和采购应从供应商处开始，并与供应商建立长期的 BIM 合作模式。但是，目前只有少数公司应用 BIM，如何与供应商达成协议以建立 BIM 需要一个特定的过程。对于材料采购，企业可以在供应商的招标条款中添加一些 BIM 要求，只有满足这些要求，他们才有资格进入投标范围。信息和网络技术已成为企业采购管理不可或缺的条件和手段。使用网络缩短了与供应商的距离，足不出户就可以货比三家，从而提高采购的效率和透明度，并降低暗箱操作的可能性。此外，企业可以通过互联网和历史数据建立强大的 BIM 资源数据库，并通过整合分类、检查和评估快速确认供应商，从而保质保量地完成招标任务。

2.4.3.3 工程建设阶段

（1）施工前改正设计错误与漏洞。在传统的 CAD 时代，系统之间的冲突很难在二维图纸上识别，通常直到某个阶段才被发现，并且不得已进行返工或重新设计。BIM 模型集成了各个系统的设计，系统之间的冲突一目了然，在施工前纠正问题，加快了施工进度，减少了浪费，甚至大大减少了专业人员之间的不协调纠纷。

（2）4D 施工模拟、优化施工方案。BIM 技术将 4D 软件、项目施工进度、BIM 模型与 BIM 模型的互操作性连接起来，在动态三维模式下模拟整个施工过程和施工现场，及时发现潜在问题，优化施工计划（包括人员、场地、设备、安全问题、空间冲突等）。同时，4D 施工模拟还包括了脚手架、起重机、大型设备等临时建筑的进出时间，有助于节约成本，优化整体进度。

（3）BIM 模型为预制加工工业化奠定基础。BIM 设计模型可以生成详细的构件模型，用于指导预制构件的生产和施工。由于零件是以 3D 的形式制作的，这有利于数控机械化的自动化生产。目前，该自动化生产模式已成功应用于钢结构加工制造、钣金制造等领域，以生产预制件、玻璃制品等。BIM 模型便于供应商根据设计模型对所需部件进行详细设计和制造，具有精度高、成本低、进度快的特点。同时，由于周围构件与环境的不确定性，利用二维图纸施工，可能导致构件无法安装甚至重新制造的尴尬境地，BIM 设计模型完美地解决了这个问题。

（4）使精益化施工成为可能。由于 BIM 模型可以提供每项工作所需的资源信息，包括材料、人员、设备等，所以其为总承包商与各分包商之间的合作奠定了基础，最大化地保证资源准时制管理，减少不必要的库存管理，减少无用的等待时间，提高生产效率，合理配置资源。

第 3 章

HydroBIM – EPC 云服务搭建

3.1 硬件基础设施建设

3.1.1 整体规划

3.1.1.1 整体架构

面向服务的设计思想已经成为 Web 2.0 下解决来自业务变更、业务急剧发展所带来的资源和成本压力的最佳途径。主流信息化厂商逐渐转向"面向服务"的开发方式，即应用软件应当看起来是由相互独立、松耦合的服务构成，而不是对接口要求严格、变更复杂、复用性差的紧耦合组件构成，这样可以以最小的变动、最佳的需求沟通方式来适应不断变化的业务需求增长。鉴于此，规划中的数据中心业务应用正在朝"面向服务"转型，即要求当业务的变更导致软件部分服务模块的组合变化时，松耦合的网络服务也能根据应用的变化自动实现重组以适配业务变更所带来的资源要求的变化，而尽可能地减少复杂硬件的相关性，从运行维护、资源复用效率和策略一致性上彻底解决传统设计带来的顽疾。

具体而言，规划中的数据中心应形成以下资源调用方式：底层资源对于上层应用就像由服务构成的"资源池"，需要什么服务就会自动由网络调用相关物理资源来实现，管理员和普通用户不需要看见物理设备的相互架构关系以及具体存在方式。

3.1.1.2 建设要求

一般来讲，资源调用方式是面向服务而非像以前一样面向复杂的物理底层设施进行设计的，而其中交互服务层是基于服务调用的关键环节。交互服务层的形成是由网络智能化进一步发展而实现的，它是底层的物理网络，由于其通过内在的智能服务功能，使业务层面看不到底层的复杂结构，从而开发人员不用关心资源的物理调度，最大化地实现资源的共享和复用，其主要建设要求有以下几个方面：

（1）整合能力。要求将数据中心所需的各种资源实现基于网络的整合，这是后续上层业务能看到底层网络提供各类服务的基础。整合的概念不是简单的功能增多，虽然整合化的一个体现是很多独立设备的功能被以特殊硬件的方式整合到网络设备中，但其真正的核心思想是将资源尽可能集中化以便于跨平台的调用，而物理存在方式则可根据需要自由而定。

数据中心网络所必须提供的资源包括：①智能业务网络所必需的智能功能，比如服务质量保证、安全访问控制等；②三大资源网络：高性能计算网络、存储交换网络、数据应用网络。

（2）虚拟化能力。虚拟化其实就是把已整合的资源以一种与物理位置、物理存在、物理状态等无关的方式进行调用，是从物理资源到服务形态的质变过程。虚拟化是实现物理资源复用、降低管理维护复杂度、提高设备利用率的关键，同时也是为未来自动实现资源协调和配置打下基础。

新一代数据中心网络要求能够提供多种方式的虚拟化能力，不仅仅是传统的网络虚拟化（如 VLAN、VPN 等），还必须做到：①交换虚拟化；②智能服务虚拟化；③服务器虚拟化。

（3）自动化能力。在高度整合化和虚拟化的基础上，服务的部署完全不需要物理上的动作，资源在虚拟化平台上可以进行与物理设施无关的分配和整合，这样只需要将一定的业务策略输入智能网络的策略服务器，一切的工作都可以按系统自身最优化的方式进行计算、评估、决策和调配实现。

这部分需要做到两方面的自动化：①网络管理的自动化；②业务部署的自动化。

（4）绿色数据中心要求。当前的能源日趋紧张，能源的价格也飞扬直上，节能减排是每个人都关心的议题。如何最大限度地利用能源、降低功耗，以最有效率的方式实现高性能、高稳定性的服务是新一代数据中心必须考虑的问题。

3.1.2 机房建设规划

3.1.2.1 建设要求

数据中心机房是数据中心重要的基础设施，是在一个物理空间内实现信息的集中处理、存储、传输、交换、管理功能。其设计集建筑、结构、电气、暖通空调、给排水、消防、网络、智能化等多个专业技术于一体，应具有"良好的安全性能，可靠而且不能间断"的特点。其环境应满足计算机等各种微电子设备和工作人员对温度、湿度、洁净度、电磁场强度、噪声干扰、安全防范、防漏、电源质量、振动、防雷和接地等的要求，并应该是一个安全可靠、舒适实用、节能高效和具有扩展性的机房。

数据中心机房属于电子信息系统机房的范畴，与一般的电子信息系统机房相比，其地位更加重要，设施更加完善，性能更加优良，它由以下几部分组成：①主机房，包括网络设备、服务器、存储设备、设备配件、监控终端等；②基本工作间，包括办公室、更衣室、缓冲间、走廊等；③第一类辅助房间，包括维修室、仪器室、存储介质存放间、资料室等；④第二类辅助房间，包括低压配电、UPS 电源室、蓄电池室、精密空调系统间、气体灭火器材间等；⑤第三类辅助房间，包括储藏室、一般休息室、洗手间等。

主机房内放置大量网络设备、服务器等，是综合布线和信息化平台的核心，应满足 24 小时不间断运行，电源和空调不允许中断，对机房的洁净度、温湿度要求较高。

机房内安装有 UPS 不间断电源、精密空调、机房电源等大量配套设备，需要配置辅助机房。为了方便管理，有时将通信机房与信息网络机房合在一起建设，使得机房的面积相对较大。此外，机房布局时还应设独立的出入口。当与其他部门共用出入口时，应避免人流、物流交叉。人员出入主机房和基本工作间应更衣换鞋。机房与其他建筑物合建时，应单独设防火分区。机房安全出口不应少于两个，并尽可能设于机房两端。

数据中心机房项目建设要求提供可靠的高品质的机房环境。一方面，机房建设要满足计算机系统网络设备安全可靠、正常运行的要求，以延长设备的使用寿命，提供一个符合国家各项有关标准及规范的优秀的技术场地；另一方面，机房建设给机房工作人员、网络客户提供了一个舒适典雅的工作环境。数据中心机房是一个综合性的专业技术场地。机房具有建筑结构、空调、通风、给排水、强电、弱电等各个专业及新兴的、先进的计算机及网络设备所特有的专业技术要求，同时要求具有建筑装饰、美学、光学及现代气息，因此数据中心机房建设需要由专业技术企业来完成，从而在设计和施工中确保机房先进、可靠及高品质。只有既满足机房专业的有关国标的各项技术条件，又具有建筑装饰现代艺术风格、有新意的机房，才能充分满足使用要求。

数据中心设计是一项复杂的系统工程，在数据中心设计过程中，涉及众多子系统的设计、配置与布局，如楼宇与机房、供电与散热、网络与综合布线、服务器与存储设施、物理安全与信息安全等，甚至还包括室内装修与环保工程。因此，为确保新一代数据中心建设的成功，在统一的建设原则和实施方案指导下分步执行就变得尤为重要。

3.1.2.2 建设内容

数据中心机房作为信息系统中枢运行的场所，不但要满足服务器、小型机、交换机、路由器等精密设备对温度、湿度、空气洁净度、供电、配电、电场、磁场强度、屏蔽、消防、防漏、防火、防雷、防尘、防潮、防鼠害、接地、抗震、承重、安全防范等项的技术要求外，还考虑必须满足机房监控区域的工作人员对光照强度、空气的清新度、流动度、噪声的要求。同时要考虑到人员通道、信息化设备通道、基础设施的物流通道要求。HydroBIM-EPC 数据中心基础设施建设方案如图 3.1-1 所示。

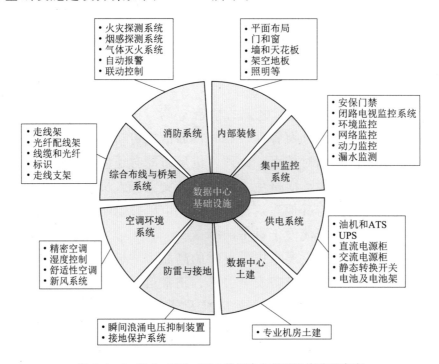

图 3.1-1 HydroBIM-EPC 数据中心基础设施建设方案

3.1.3 网络及设备配置规划

3.1.3.1 网络结构

数据中心的结构从下往上依次为存储区、服务器区、汇聚交换机、负载均衡、安全防御。数据中心网络总体结构如图 3.1-2 所示。

1. 存储区

数据中心存储设备采用 RAID5+1 的模式构建阵列，并通过 IBM Storwize

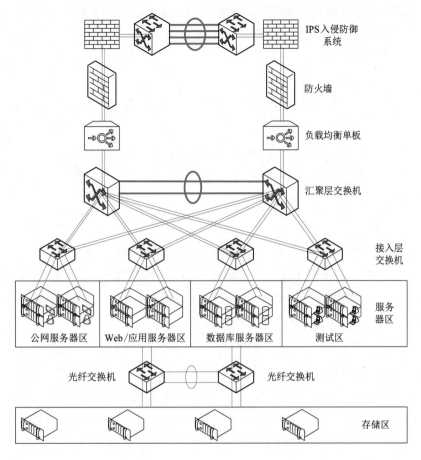

图 3.1 - 2 数据中心网络总体结构图

V5000（简称"V5000"）进行管理。V5000 是虚拟化的企业级模块化存储系统，可对虚拟服务器环境进行补充，并提供应对不断变化的业务需求所需要的灵活性与响应能力。利用外部虚拟化，可将外部光纤通道控制器磁盘容量纳入 V5000 存储池中，充分利用原有存储设备，形成集中的虚拟化存储池，实现软件价值与高性能，便于统一管理。

V5000 通过千兆链路聚合分别与两台存储专用的光纤交换机连接，两台光纤交换机之间采用万兆以太网光模块（多模）光纤互联，两台光纤交换机互为冗余热备份。

2. 服务器区

服务器区分为公网服务器区、Web/应用服务器区、数据库服务器区及测试区，实现应用业务系统的部署、运行，是信息化建设的核心物理区域。

通常数据中心服务器区的问题主要包括：①旧设备性能过低面临淘汰；②服务器性能未能集中利用，导致部分低要求的业务系统未能充分发挥服务器性能，部分高要求的业务系统未能获得满意的性能支持。

服务器虚拟化可以使上层业务系统仅仅根据自己所需的计算资源占用要求来对 CPU、内存、I/O 和应用资源等实现自由调度，而无须考虑该应用所在的物理关联和位置。当前商用化最为成功的服务器虚拟化解决方案是 VMWare 的 vSphere 系列，微软的 Virtual Server 和许多其他第三方厂商（如 Intel、AMD 等）也正在加入，使得服务器虚拟化的解决方案将越来越完善和普及。

不同区域的服务器通过千兆链路聚合连接区域内独立的接入层交换机，接入层交换机通过千兆链路聚合与两台汇聚层交换机连接，两台汇聚层交换机通过两条万兆链路聚合互为冗余热备份。

3. 负载均衡和安全防御

（1）负载均衡。采用汇聚层交换机上的负载均衡单板，根据服务器的性能、CPU 占用率、业务应用的连续性等原则将远端用户请求合理地分散发布到各服务器。当服务器出现异常时，负载均衡器能够准确感知故障，并将其从可提供的业务服务器中剔除。

（2）安全防御。在汇聚层交换机处，增加防火墙单板，从用户、应用、时间、五元组等多个维度，对流量展开 IPS、AV、DLP 等一体化安全访问控制。此外，加入 IPS 入侵防御系统。通过对流经该关键路径上的网络数据流进行 2～7 层的深度分析，精确、实时地识别并阻断或限制黑客、蠕虫、病毒、木马、DoS/DDoS、扫描、间谍软件、协议异常、网络钓鱼、P2P、IM、网游等网络攻击或网络滥用。

在进行防火墙单板与 IPS 入侵防御系统选型时，要注意选择与汇聚层交换机型号相匹配的设备。

3.1.3.2　设备配置

系统采用 N 层计算结构。从逻辑角度看，系统分成客户端、Web 服务器、应用服务器、数据库服务器、P6 服务器、BIM 服务器、工作流服务器；从物理角度看，应用服务器可以视用户并发数从 1 到 N 台进行扩充，以保证客户端用户的响应要求。

系统工作模式从逻辑上划分为三层：表示层（客户端）、业务逻辑层和数据层。表示层的应用程序与服务端的应用程序是相对独立的。

第一层，表示层：包括管理界面、客户端、统计报表界面等。表示层将系统的操作界面与系统的功能实现分离开来。

第二层，业务逻辑层：包括 Web 服务器和应用程序服务器。应用系统的业务逻辑实现层，是系统的核心部分，它接收来自表示层的功能请求，是实现各种业务功能的逻辑实体。这些逻辑实体在实现上表现为数据库的触发器及存储过程及各种功能组件。

第三层，数据层：存放并管理各种信息，实现对各种数据库和数据源的访问，也是系统访问其他数据源的统一接口。

系统工作模式如图 3.1-3 所示。

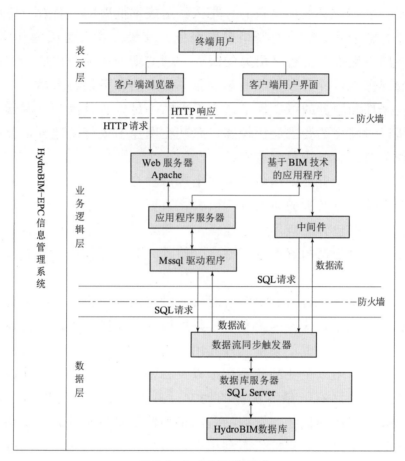

图 3.1-3 系统工作模式

3.2 云数据中心建设

3.2.1 基础环境建设

3.2.1.1 云服务分类

云计算技术的迅速发展给用户的使用带来极大的便利，但云计算技术存在着一些问题，其中最大的问题是安全问题。有些特殊行业的用户，例如银行、证券、部队等，对数据的安全性要求非常高，它们所存储的信息可以说是这些用户的生命线，一旦有所泄密，将会造成不可挽回的损失，用户必然是不愿意将这些数据放在云上让别人去管理。根据云计算服务群体的所属关系不同，云计算服务可以分为公有云、私有云和混合云。

（1）公有云。公有云一般是第三方提供为用户使用的云，是利用因特网实现使用功能。公有云要么是免费的，要么就是成本低廉的。公有云使用的范围颇广，它能为整个开放的公有网络提供服务。其最大意义是因为其成本低廉，可以给最终用户提供非常有吸引力的服务，创造新的业绩和价值。它还是一个非常可靠的支撑平台，可以集成上端的服务供应商和下端终端用户。不过如今在数据的安全性和服务的可靠性上还有很大的不足，并且因为公有云是基于互联网的，所以对网络的要求会比较高，尤其在网速不太好的地方，公有云在提供云计算服务时，服务质量会非常差。

（2）私有云。私有云的构建是为单个客户独自使用的，所以它能够对数据控制、安全性检测以及服务质量进行监督。只要拥有属于自己的基础设施，就能够控制在其上所包含的应用程序途径。一般来说，一个单位或者公司搭建自己的私有云能够对公司的资源进行整合，使其充分发挥作用，从而节省一些不必要的投资。

与公有云相比，私有云有很多公有云所没有的优点：首先，私有云的安全性要比公有云高很多，这是因为私有云是可以在企业防火墙之后构建的，就会保障私有云的安全性，也不会受到外界用户的干扰与攻击；其次，私有云是在企业内部搭建的，所以企业的核心数据以及私密的数据也是在企业内部，由企业掌控的，这也是私有云最有优势的地方；再次，私有云的规模一般不会很大，通过将硬件资源虚拟化，资源的利用率即使不是特别高，但是相对公有云来说还是远远高于传统模式的资源利用率；最后，私有云是由自己内部的管理员来负责的，一旦有问题出现，那么企业可以很快地找出问题并且完美地解决问题。

（3）混合云。混合云是结合了私有云和公有云的服务方式。混合云在目标架构中是私有云与公有云的结合。因为控制和安全等因素，不是全部的企业信息都可以被放在公有云上，因此有些已经应用云计算的企业就会选择混合云的云计算模式。这样，企业数据安全问题和服务质量就有了可靠的保证，也能够作为云计算服务提供商出售云计算服务获得利润，降低生产成本。混合云之所以一直能在企业所能够掌握的控制范围内，是因为混合云还是要靠企业自己所配备的技术员工进行管理和日常的维护。混合云既有公有云的优点，也有私有云的优点。企业使用混合云，就可以获得公有云计算所具有的计算优势，也可以获得私有云具有的安全性和可靠性。

综上，这三种云计算服务是不同的，用户应该根据自己的需求、业务类型、想要达到的效果来选择最符合本身需求的云计算服务类型。

3.2.1.2 建设需求

（1）适配器支持。总线产品基于适配器框架技术，实现了统一的客户化应用服务接口，支持大多数主流的数据库、消息中间件产品和通信协议，实现对各种数据源、信息源以及各种应用系统的无缝衔接。

1）应用适配器。包括 Email、MQ、Tuxedo、SAP、Oracle Database、DB2、MS SQL Server 等。

2）协议适配器。包括 JDBC、HTTP、Socket、LDAP、EJB、XML、JMS、FTP、Web Service、RMI、Telnet、CORBA 等。

3）主机适配器。包括 CICS、IMS（SNA）等。

（2）服务封装。总线可实现对不同技术、语言、应用提供的功能接口进行标准服务化封装，并提供图形化、模板化开发工具，指导用户快速、准确地进行服务开发，从而最大化地减少了人为因素，减轻了开发人员的负担。

多种辅助开发工具（如生成、打包、部署等功能），实现了帮助用户快速地进行业务服务建模。仿真的通用适配器与消息代理环境，实现了用户在开发过程中进行便捷的集成测试。

（3）多通道服务接入。总线提供多种基于标准协议的接入方式，包括SOAP/HTTP、JMS/MQ、Socket 等，保持技术的中立性。

无论业务应用使用何种编程语言与开发平台，都可通过标准协议方式实现总线服务的接入与访问。

（4）服务组合。总线产品可以实现多个服务的组合，组合成新功能的服务来满足业务需求的新增和变更。服务组合的构建是一项时间和资源的投资，它必将在面向服务的业务应用程序方面带来巨大的回报，对这些面向服务的应用程序可以加以修改以满足企业不断变化的业务需求。

（5）协议转换。总线产品支持多种协议格式，可实现不同协议间的自由转换，满足不同业务应用的需要，如图 3.2-1 所示。

图 3.2-1 展现了总线在服务提供者与服务使用者质检的协议转换过程与方式，产品支持多渠道通信方式，即同一服务可同时对外暴露多种协议接入方式，便于不同的服务使用者进行灵活选择。

（6）智能路由。总线在完成了基于交易以及目标地址等硬编码实现的静态路由的同时，还提供了基于消息内容的、可配置的动态路由，无论哪种路由方

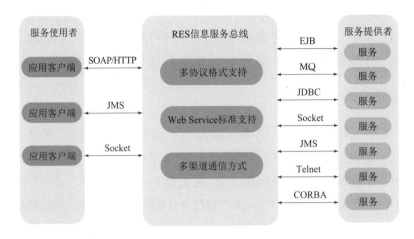

图 3.2 – 1 协议转换

式，都达到了将路由信息与总线服务分离的目的。在使用动态路由时，总线不仅提供可配置的路由规则库，同时还提供路由规则库接口，允许第三方系统作为路由规则库接入总线。企业服务总线提供的路由策略如图 3.2 – 2 所示。

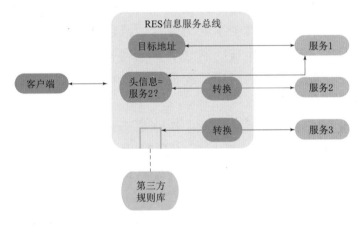

图 3.2 – 2 路由策略

（7）消息丰富。总线产品可实现消息格式的二次丰富，包括数据内容丰富、数据样式丰富等，满足消息传递过程中不同消息处理源对消息内容的不同需求。

（8）数据转换。总线产品可以实现对不同数据格式的灵活转换，包括文本、XML、JSON 等标准格式，也包括不同行业、领域专有的数据格式规范。

（9）多种消息类型。包括发布/订阅、请求/响应和同步/异步等。

3.2.1.3 建设内容

1. 建设规划

云数据中心以分布式存储、分布式数据库、高性能三维引擎等技术为基础，实现对 100T 量级结构化及非结构化数据的存贮，满足工程设施模型及地理信息模型的可视化展示要求。在数据的存储类型上，工程数据中心具有良好的适应性，能够满足不同行业的数据存储要求。工程数据中心作为基础性平台，还将提供完善的数据访问接口及展示组件服务。

工程数据中心需要建立统一的工程数据数字化标准体系，实现现状数据、全过程数据的收集与存储，并且基于工程全息数字化模型，实现数字化综合应用，提供丰富的数字化数据服务。

云数据中心总体架构按照层次化架构设计，建立企业私有云模式，总体分为基础设施、云平台、云服务、客户端四层。其中基础设施层作为工程数据中心的基础，实现对于海量数据的高效、安全存储；云平台层主要提供上层服务与应用所需的技术组件、流程处理、接口服务等；云服务层及客户端层实现工程数据中心的具体应用，为用户提供多元化的服务，如图 3.2-3 所示。

图 3.2-3 云数据中心总体架构

工程数据中心将完整收集工程全生命周期数据，按照建立的数字化标准存储工程数据，基于统一的框架体系，实现数据综合应用，并向外提供数字化的数据服务，同时支持与其他第三方的系统集成，图 3.2-4 所示为数据库架构。

2. 软件配置

系统软件配置见表 3.2-1。

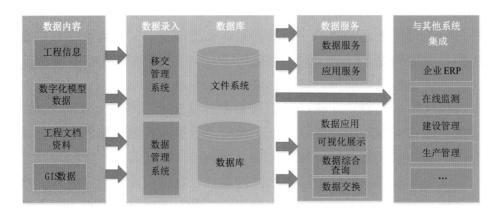

图 3.2 - 4　数据库架构

表 3.2 - 1　　　　　　　　　　　　　系统软件配置表

序号	软 件 名 称	版 本
1	Microsoft SQL Server	2008 R2
2	jQuery MiniUI	V2.1.9
3	Microsoft SharePoint	2013
4	Skyline TerraSuite	6.5
5	Primavera P6 Enterprise Project Portfolio Management	R8.3
6	WebLogic	10.3.6

（1）Microsoft SQL Server 数据库由 Microsoft 开发和推广，具有使用方便、可伸缩性好、与相关软件集成程度高等优点，能够将结构化、半结构化和非结构化文档的数据直接存储到数据库中，并对数据实现查询、搜索、同步、报告和分析之类的操作。

（2）jQuery MiniUI 是一套成熟的快速开发 WebUI。它能缩短开发时间，减少代码量，使开发者更专注于业务和服务端，轻松实现界面开发，带来绝佳的用户体验。使用 MiniUI，开发者可以快速创建 AJAX 无刷新、B/S 快速录入数据、CRUD（Create、Update、Read、Delete）、Master - Detail（主表明细）、菜单工具栏、弹出面板、布局导航、数据验证、分页表格、树、树形表格等典型 WEB 应用系统界面。

（3）Microsoft SharePoint 产品和技术专为用户、应用程序和系统设计，能够创建、存储、跟踪有关项目和其他业务流程的数据或活动。其中，SharePoint 在线编辑器可以说是目前最优秀的所见即所得的编辑器之一，就像是把微软 Word 的使用体验搬到了网络上。新的编辑器支持 IE7 及以上浏览器和火狐浏览器，在 Safari 浏览器中的效果也很出色。系统通过二次开发 SharePoint

在线编辑器，实现了在本系统中多人同时编辑同一工程文档的功，从而提高工作效率。

（4）Skyline TerraSuite（以下简称 Skyline）软件是利用航空影像、卫星数据、数字高程模型和其他的 2D 或 3D 信息源（包括 GIS 数据集层等）创建的一个交互式环境。该系统基于 Skyline 的二次开发 API 接口，将 Skyline 三维地理信息系统集成到系统中。利用 Skyline 三维 GIS 强大的海量数据处理和图形显示功能，采集水利水电工程建设区域三维地形与影像，形成真实的三维可视化场景，并将水利水电工程设计与建设所涉及的施工场地、建筑物布置、设计图纸、工程施工进度、应急预案等相关信息有效整合存储，并在三维可视化场景中进行工程设计与建设管理。例如，将复杂施工过程以三维可视化的方式表现和模拟，为全面、准确、快速地分析掌握工程施工全过程提供有力的分析工具，实现工程信息的高效应用与科学管理，以及设计成果的可视化表达，进而为决策与设计人员提供直观形象的信息支持，极大地提高工程设计与管理的现代化水平。

（5）Primavera P6 Enterprise Project Portfolio Management（以下简称"P6"）软件是一套由美国 Primavera 公司研发的适合项目级和企业级推广应用的多项目进度计划管理软件，主要应用于项目进度计划的编制、进度计划下达分发、进度计划执行跟踪及进度计划完成情况的统计分析和控制。鉴于 P6 软件复杂，不能全员推广，在嵌入 P6 软件的前提下，需要对其进行二次开发，实现系统用户端数据与后台 P6 实时互动，全员应用 P6 专业化管理项目计划。将进度计划分解到岗，进而对进度计划全员全链条、实时在线控制，确保信息反馈及时、决策准确。

（6）WebLogic 是美国 Oracle 公司出品的一个应用服务器，确切地说是一个基于 JavaEE 架构的中间件。WebLogic 是用于开发、集成、部署和管理大型分布式 Web 应用、网络应用和数据库应用的 Java 应用服务器。将 Java 的动态功能和 Java Enterprise 标准的安全性引入到系统的开发、集成、部署和管理之中。WebLogic Server 具有开发和部署关键任务 Web 应用系统所需的多种特色和优势，包括扩展性、快速开发性、更趋灵活性等特点。

3. 硬件配置

（1）服务器。服务器包括数据库服务器、Web 服务器、工作流服务器、P6 服务器以及 BIM 服务器。

1）数据库服务器为客户应用提供服务，这些服务是查询、更新、事务管理、索引、高速缓存、查询优化、安全及多用户存取控制等。

2）Web 服务器一般指网站服务器，是指驻留于因特网上某种类型计算机的程序，可以向浏览器等 Web 客户端提供文档。当 Web 浏览器连到服务器上并请求文件时，服务器将处理该请求并将文件反馈到该浏览器上，附带的信息会告诉浏览器如何查看该文件。服务器使用 HTTP（超文本传输协议）与客户机浏览器进行信息交流。

3）工作流服务器负责解释执行工作流定义，系统采用关系数据库构建工作流服务器。基于关系数据库的工作流服务器主要包括工作流引擎、消息管理子系统、目录服务子系统。

4）P6 服务器负责进度信息业务数据库，主要借助 P6 进度管理工具储存项目信息、WBS 分解信息、进度计划、工程量清单等业务信息，并通过对应的 P6 服务接口与数据库连接。

5）BIM 服务器。能够维护与管理工程模型数据资源库，提供基本的模型处理能力，同时具有有限的专业应用功能，主要为专业应用程序提供数据接口。

（2）网络硬件设备。网络硬件设备是网络的基本组成单元，包括路由器、交换机、防火墙、无线发射器等基础设备。通过它们的有机整合才可以构成一个完整的网络，从而实现网络上基本的信息传输以及网上信息安全转发等功能。

（3）用户终端。用户终端由系统局域网用户以及广域网用户通过网络和计算机、手机等访问终端构成，用户能够通过网络连接实时操作系统，从而提高工作效率。

3.2.2 数据资源池建设

3.2.2.1 资源池

资源池通过集群的方式共享主机的计算资源，通过集群内、数据中心内和跨数据中心的调度实现资源的调配和有效利用，图 3.2-5 为数据中心结构图。当实现跨集群调度后，资源池的冗余性被显著增强，集群内的预留资源要求降低，整个资源池的利用率有效提升。

根据业务功能的需要，数据中心数据资源池主要负责处理存储三大类的数据，分别为信息模型数据、业务应用数据及系统管理数据，如图 3.2-6 所示。

（1）信息模型数据池。信息模型数据主要包括空间信息模型和建筑信息模型。空间信息模型主要涉及地理信息系统相关的大场景类数据，包括遥感影像数据、地图数据、DEM 数字高程数据、地理编码数据以及各种专题数据等。建筑信息模型主要指水利水电工程 BIM 模型，包括地质 BIM、水工 BIM、厂

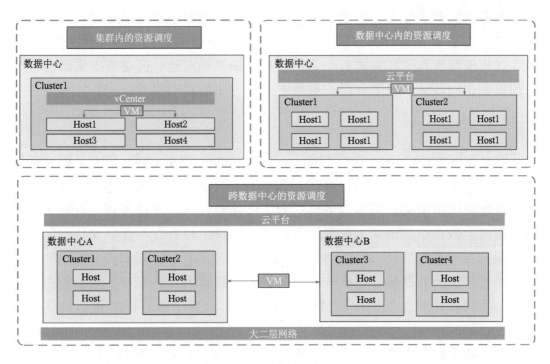

图 3.2 - 5 数据中心结构图

房 BIM、机电 BIM、交通 BIM 等专业模型以及它们的集合。信息模型数据是平台的基础，能够为平台提供可视化的虚拟工作环境，特别是为项目的宏观、微观管理提供支撑。

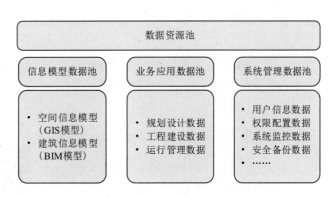

图 3.2 - 6 数据资源池分类

（2）业务应用数据池。业务应用数据主要涵盖水利水电工程建设的全生命周期，从阶段角度可分为规划设计数据、工程建设数据及运行管理数据。根据业务类型的不同可划分为诸如进度数据、成本数据、质量数据、安全监测数据、数值分析数据等。业务应用数据是平台的核心，它是企业业务运营管理数据的积累，能够为企业市场战略开发、商业智能决策、业务优化升级等提供支撑，是一种宝贵的无形资产。

（3）系统管理数据池。系统管理数据池主要包括用户信息数据、权限配置数据、系统监控数据及安全备份数据等。用户信息数据主要用于个人信息的识别以及系统的登录访问。权限配置数据主要是系统角色的操作权限、菜单权限、数据访问范围等参数的配置信息。系统监控数据主要是系统的软硬件运行日志等，用于系统运行状态的监控与预警。安全备份数据是对数据的定时备份，以确保系统具备容灾能力。系统管理数据是平台运行的必要组成部分，为系统提供访问认证、权限分配、数据安全等方面的基础服务。

3.2.2.2　数据采集

借鉴国际广泛应用的 IFC（Industry Foundation Classes）标准，构建适用于工程数据中心的结构化的、基于对象的信息交换格式，建立数据标准文件。将数据逻辑结构定义、关系约束与内容实体物理存储，支持各领域数据灵活组织与拓展。数据组织贯穿工程全生命周期，横跨工程所有专业，支持不同应用软件间交互与分发。

通过跨平台数据整合完成各种异构平台数据收集，将来自不同专业、不同阶段、不同软件平台产生的 BIM 模型整合为一个统一的、标准化的数字化全息模型。

通过数字化移交平台完成与数据中心的入库。根据工程数字化标准体系，以数字化平台为手段完成工程各阶段、各环节完整数据收集，保证数据一致、准确、及时，图 3.2 - 7 为数据中心数据体系图。

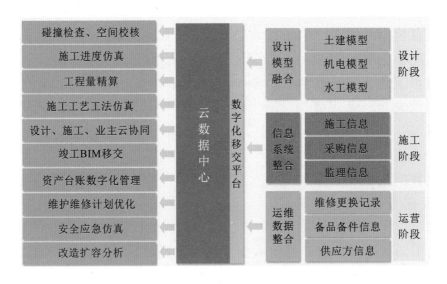

图 3.2 - 7　数据中心数据体系图

3.2.2.3　数据存储

传统存储与应用模式已无法满足海量工程数据在性能、安全、扩展方面的要求。通过集群应用、网络技术、分布式存储系统等，将网络中大量不同类型的存储设备通过应用软件集合起来协同工作，共同对外提供数据存储和业务访问功能，如图3.2-8所示。将数据结构定义与数据实体存储分离，满足各行业或领域数据差异化应用与拓展需求，为应用层提供高效、安全的数据接口。

数据存储具有如下特点：①高性能、高并发；②高可靠、高安全；③扩展性强、易部署。

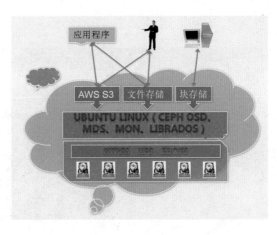

图3.2-8 数据存储

3.2.3 数据应用与服务接口建设

3.2.3.1 数据应用

工程数据中心建立了标准化的框架体系，提供丰富的数据应用，包括完整的数据管理、工程数据综合可视化展示、工程数据综合查询及高效的数据交换机制，如图3.2-9所示，实现完整的数据收集、转换、处理、存储、更新、版本化、移交、发布等全面管理。集成各种数据，以GIS与BIM场景相结合的方式完成数据可视化展示。基于工程全息数字化模型，实现工程基本信息、过程信息、模型属性、关联图档、实时数据的多方位综合查询。基于同一数据模型，完成设计、施工、运维多方数据交换与共享。

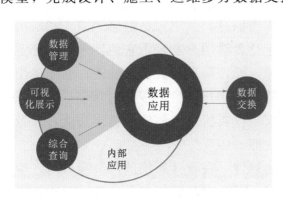

图3.2-9 数据应用

（1）工程数据综合管理。包括平台用户、权限、操作控制与分发、工程管理、数据节点树配置、工程基本信息与过程信息、GIS数据、数字化模型数据、文档资料数据的录入与更新、数据的检查与备份、BIM场景缓存与发布等管控功能模块。

（2）工程数据可视化展示与综合查询。包括工程GIS与BIM场景可视化展示、数据分类结构查阅、三维场景漫游、自动巡航、三维测距、三维剖切、工程信息查询、工程过程详情查询、GIS查询、模型属性参数与关联图档浏览、数据版本化浏览、移动端可视化展示、移动端三维查询等功能模块。

工程数据可视化如图 3.2-10 所示。

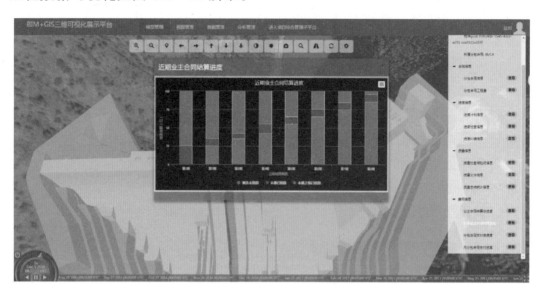

图 3.2-10　工程数据可视化

3.2.3.2　数据服务接口

数据服务接口是由产品的软件开发商或者委托第三方软件开发商提供的一系列规范标准，它能够对指定的数据进行交流和传播，以实现数据共享和信息交流的目的。数据接口设计包括用户接口设计和系统内部接口设计两部分。

1. 用户接口设计

用户接口又称用户界面、人机界面、人机接口，它是用户与计算机进行交互的操作方式，即用户与计算机互相传递信息，其中包括信息的输入和输出两大功能。衡量用户接口优劣的标准在于是否对用户友好，它包括外观和感觉两个因素。好的用户界面应当是美观易懂、操作简单且有引导功能；它能使用户感觉愉快、兴趣增强，从而提高使用效率。用户接口的核心内容包括显示风格和用户操作方式两大部分，它集中体现了计算机系统的输入输出功能，以及用户对系统的各个部件进行操作的控制功能。

为了保持系统中各个业务模块的一致性，在设计系统的用户接口时，应当遵循一定的设计原则。现将 HydroBIM - EPC 项目管理平台开发过程中用户接口的设计原则归纳如下：

（1）用户参与。用户是系统交互界面的最终使用者，由于人机界面的颜色使用、控件布局、语义表达等都有较强的主观性，且人机界面也有很强的针对性，所以用户参与人机界面的设计可有效提高界面的易用性，使人机界面更加符合用户的思维习惯和交互经验。其参与方式有两种：①在系统的设计阶段，由一定数量的用户配合系统设计人员一起完成系统的用户交互特性需求分析和交互任务需求分析，做好人机界面设计必要的前期准备工作；②在系统人机界面原型设计完成后，选择具有代表性的用户群体对人机界面原型进行检验和评估，找出界面设计的缺陷和错误，然后酌情做进一步的修改。

（2）用户控制。用户控制指系统人机界面应使用户感觉自己在控制系统，而不是被系统所控制。用户应在系统人机交互中扮演主动角色，可根据需要选择交互方式和步骤完成交互任务。不同用户对人机界面的要求有所差异，为此，界面颜色、字体等要素可根据用户个性提供人机交互选项功能，合理地进行交互任务区分并划分进程，用户无须加载整个应用模块来执行某个操作。

（3）界面设计的一致性。一致性的人机界面可使用户将已有的知识和经验传递到新的任务中，更快地学习和使用系统，将更多的注意力集中到判断、分析、检索、归类等具体的交互任务上。一致性主要表现在颜色、快捷键、操作模式和控件使用的一致性四个方面：

1）颜色使用的一致性。颜色本身就是一种辅助的信息形式，它可以引起用户注意并产生关联。为了避免造成用户视觉认识困难，信息系统人机界面应使用有限的颜色，在颜色的选择上必须符合交互需要和适应用户的心理认知规律，颜色的搭配上应尽量美观、协调并使用户容易集中注意力。

2）快捷键使用的一致性。快捷键是用键盘上的按键或按键组合来代替对菜单命令的选择，故应对信息系统各功能模块快捷键的使用方案进行统一设计和分配，且注意以下问题：快捷键应只使用于重要和常用的功能；快捷键的设定应符合软件开发的习惯，一般使用"Ctrl＋键"组合、"Shift＋键"组合来执行一些快捷操作，避免使用三键以上的快捷键组合和系统已规定的快捷键组合；避免将一个快捷键或组合分配给多个操作。

3）操作模式的一致性，操作模式的一致性有助于用户熟悉界面且能简单地预测系统所处的状态，允许系统用户将注意力集中在具体交互的内容上，而不需要花费时间和精力来分辨并适应系统各个功能模块在操作模式上的差异。操作模式的一致性表现为数据输入和对象操作的一致性。数据输入一致性要求数据输入应有一定的模式和原则。对象操作一致性要求对于平台模块中同一类的具体对象群体尽量有相同或相似的属性和操作模式。

4）控件使用的一致性。控件是组成界面的基本要素，对控件的组合、布局、排列和大小需详细规定。首先，应根据系统交互任务的需要合理确定控件组合，以及系统人机界面的控件集。其次，控件间的排列和布局应该符合用户的操作习惯和交互需要：控件与控件间、控件与窗体间应有一定间距，防止隐藏和重叠控件；控件在界面上的排列和显示应有一定的层次性和逻辑性；要注意控件布局和排列的一致性。

（4）良好的信息反馈。系统人机界面必须对用户的操作做出反馈，良好的信息反馈有助于用户确认已进行或正在进行的操作。反馈类型可分为词法级、语法级和语义级等信息反馈，击打键盘回显相应字符、移动鼠标光标等是词法级反馈。用户输入命令或参数时若语法错误则弹出提示框及用户选择菜单项后呈高亮度显示等是语法级反馈。词法级和语法级信息反馈多依赖被操作控件本身，语义级信息反馈主要通过信息提示控件、状态栏信息和信息反馈对话框。

（5）系统反应迅速。系统人机界面需有较短的响应时间，但如果系统对用户操作超过 3 秒还没响应，会使用户处于一种不知所措的状态。

（6）适用的帮助系统。应设计科学合理的帮助系统，对信息系统来说，仅提供用户手册是不够的。对于系统生疏型用户，阅读完整的手册是困难的。用户交互过程中会遇到意想不到的问题，时间不允许再去查询手册。因此，系统应根据用户的需要提供上下文帮助、过程帮助等多种帮助形式。

（7）较强的容错性与安全性。用户安全认知措施应针对用户进行权限区分并阻止试图侵入的黑客和非法用户，容错性应容许用户误操作，误操作时应给出声光等信息提示，不能因错误操作造成系统难以恢复等灾难性的后果，因此系统人机界面应有一定的数据备份和恢复功能。系统人机交互设计应能预防错误的发生，具备保护功能，防止因误操作而破坏系统的运行状态和信息存储。系统应提供必要的出错信息，出错信息应清楚、易理解，符合一致性原则。信息内容应包含出错位置、错误等级、出错原因及修改出错建议等。

（8）界面应反复修改。界面的修改应贯穿界面研制的始终：在界面设计前，设计员应在用户的帮助下对用户特性需求分析和人机界面交互任务需求分析进行修改和完善；在界面编程中，程序员应依据界面需求分析和设计的结果，阶段性地听取用户的建议并进行修改；在界面原型设计完成后，设计人员还应组织用户对界面的功能性和易用性进行评估验证，找出人机界面原型中存在的问题，并结合软件平台的维护和修改有针对性地进行界面的修改。

2. 系统内部接口设计

（1）软件接口。主要包括与 P6 的数据接口和 Web Service 数据接口与工作流管理软件 ProcessMaker 的集成。

1）与 P6 的数据接口。为了使 P6 软件的项目管理功能与 HydroBIM – EPC 项目管理平台之间实现互动，进行动态信息交互，有必要把二者的信息处理功能进行集成，使它们之间做到"无缝连接"。

在 P6 项目管理软件与 HydroBIM – EPC 项目管理平台的数据交换中，虽然 P6 软件提供了功能强大的 SDK，但是其 SDK 是基于 ODBC 的，需要额外安装数据源，不利于系统的集成及用户的操作。基于 P6 后台数据库可以选择 SQL Server 数据库的特点，通过分析其数据存储结构成为实现二者数据交换的关键问题。在系统实际开发过程中主要采用了 ADO 对象方法实现数据之间的相互访问。

ADO 是 Microsoft 为最新和最强大的数据访问范例 OLEDB 设计的，是一个便于使用的应用程序层接口。在实际的分析过程中，发现 P6 各实体间（包括 EPS、OBS、TASK 等）关系非常紧密，均有主外键关系，因此，在数据交换过程中，要有固定的交换流程，Hydro-BIM-EPC 项目管理系统与 P6 的数据交换过程如图 3.2-11 所示。

2）Web Service 数据接口与工作流管理软件 ProcessMaker 的集成。Web Service 是一个独立的、低耦合的、自包含的、基于可编程的 Web 应用程序平台，可使用开放的 XML 标准来描述、发布、发现、协调和配置这些应用程序，用于开发分布式、互操作的应用程序，实现网络环境中不同软件之间的数据交换和互操作。利用 Web Service 数据集成方案，将工作流管理软件 ProcessMaker 与 HydroBIM-EPC

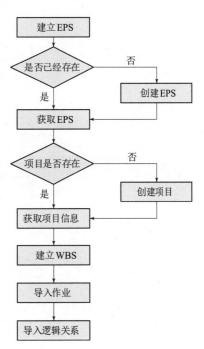

图 3.2-11 **HydroBIM-EPC** 项目管理系统与 **P6** 的数据交换过程

项目管理平台进行集成，从而提供一个统一的企业门户，供用户访问。

（2）项目层业务模块间的接口。HydroBIM-EPC 项目管理平台在项目层面的重点是业务管理标准化、科学化、信息化，同时整个系统的重点也是项目管理。业务模块基本覆盖设计、采购、施工主要环节，通过系统的集成应用，使设计、采购、施工的各个业务环节协同作业，避免信息孤岛，体现系统的价值。项目层业务模块间关联关系如图 3.2-12 所示。

1）通过系统进度管理模块建立与计划进度软件 P6 的关系，实现 P6 软件进度计划数据的导入与回写。

2）所有的业务模块都可以和项目的编号、WBS 结构建立联系，从而实现模块间的信息关联。

3）设备、材料管理与采购管理是关联的，方便数据交换。

4）工程合同与支付、采购管理均会涉及变更与索赔管理。

5）工程合同与支付、采购管理、变更与索赔管理都与费用管理模块关联；

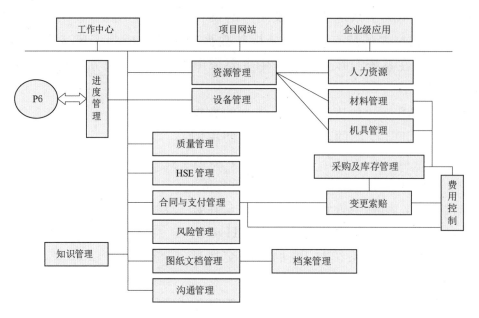

图 3.2 - 12　项目层业务模块间关联关系

各个业务模块在业务处理过程中产生的表单、文件都会与图纸文件模块关联，进行归档处理。

6) 所有的信息都会集中反映到项目网站、个人信息中心和公司应用层面。

7) 整个项目层的应用涉及三个流：涉及钱的都归结到费用管理模块，属于资金流；涉及审批流转的，都走工作流（信息流）；物资从请购到领料、出库、安装，最后到消耗掉，属于物资流。

8) 各模块之间采用页面调用、参数传递、返回值的方式进行信息传递。模块之间接口信息的传递将是以数据表形式、封装数据形式、参数传递形式以及返回值形式在各个功能模块间进行传输。

（3）与企业综合管理系统的数据接口。总包工程项目管理需要在企业层面上进行资源调配，因此 HydroBIM - EPC 项目管理平台中的相关数据需要与企业原有的综合管理信息系统进行数据共享。当前需要考虑数据接口集成的主要包括财务系统和人力资源管理系统。

1) 与财务系统集成。如何把 HydroBIM - EPC 项目管理平台中实际发生费用且需要做财务凭证的数据直接生成财务系统待导入的凭证，是与企业现有财务系统集成的要点。为达到这个目的，需要两个系统的众多编码（如人员、部门、财务科目、物料）必须保持一致，然后对于在 HydroBIM - EPC 项目管理平台中完成的涉及货币的业务，由系统操作人员手工批量生成凭证，导入财务系统，这些业务包括合同付款、物资消耗等。生成的凭证为 Excel 文件，文件的格式遵从财务系统的规则。只要格式和数据正确，由财务人员导入财务系统生成临时凭证，审核通过后即可作为正式凭证。

2）与人力资源管理系统的集成。在项目层面，HydroBIM－EPC项目管理平台的人力资源管理模块需要进行与项目相关的所有人力资源管理工作。在企业层面，通过开发数据接口工具，实现人员基本信息定期同步，保持 HydroBIM－EPC 项目管理平台的人力资源总库与人力资源系统的数据一致。

3.3 安全与保障

3.3.1 网络及信息安全保障系统

3.3.1.1 整体架构

网络及信息安全保障系统整体架构如图 3.3－1 所示。

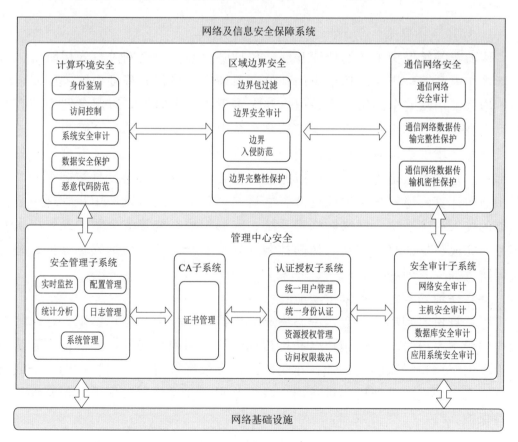

图 3.3－1 网络及信息安全保障系统整体架构

信息安全保障系统以网络基础设施为依托，为整个数据中心业务提供计算环境安全、区域边界安全、通信网络安全、安全管理、安全审计及认证授权等服务。信息安全保障系统的一个中心是指管理中心安全，主要包括安全管理子系统、CA子系统、认证授权子系统和安全审计子系统等，它是系统的安全基础设施，也是系统的安全管控中心，为整个系统提供统一的系统安全管理、证书服务、认证授权、访问控制以及统一的安全审计等服务。三重防御是指计算环境安全、区域边界安全和通信网络安全：

（1）计算环境安全。主要提供终端和用户的身份鉴别、访问控制、系统安全审计、数据安全保护、恶意代码防范等安全服务。

（2）区域边界安全。主要提供边界包过滤、边界安全审计、边界入侵防范、边界完整性保护等安全服务。

（3）通信网络安全。主要提供通信网络安全审计、通信网络传输机密性和完整性等安全服务。

3.3.1.2 详细设计

1. 计算环境安全

伴随着等级保护工作的持续开展，包括防火墙、安全网关、入侵防御、防病毒等在内的安全产品成功地应用到信息系统中，从很大程度上解决了安全问题，增强了信息安全防御能力。但这些大多重在边界防御，以服务器为核心的计算平台自身防御水平较低，这在信息系统中埋下了很大的安全隐患。

计算环境安全针对的是对系统的信息进行存储、处理及实施安全策略的相关部件。它的重点是为了提高以服务器为核心的计算平台的自身防御水平。数据中心的计算环境安全主要通过部署主机安全防护系统以及使用在管理中心所部署的接入认证系统、网络防病毒系统、漏洞扫描系统等安全防护系统提供的服务，完成终端的身份鉴别、访问控制、系统安全审计、数据安全保护、恶意代码防范等一系列功能。

计算环境安全需具备以下功能：

（1）身份鉴别功能。数据中心终端应支持用户标识和用户鉴别。在每一个用户注册到系统时，采用用户名和用户标识符标识用户身份，并确保在系统整个生存周期用户标识的唯一性；在每次用户登录系统时，采用受控的口令或具有相应安全强度的其他机制进行用户身份鉴别，并对鉴别数据进行保密性和完整性保护。

（2）访问控制功能。在安全策略控制范围内，使用户对其创建的客体具有相应的访问操作权限，并能将这些权限的部分或全部授予其他用户。采用基于角色的访问控制技术，实现不同用户、不同角色对不同资源的细粒度访问控制，分别制定不同的访问控制规则，访问控制主体的粒度为用户级，客体的粒度为文件或数据库表级。访问操作包括对客体的创建、读、写、修改和删除等。

（3）系统安全审计功能。提供安全审计机制，记录系统的相关安全事件。审计记录包括安全事件的主体、客体、时间、类型和结果等内容。该功能应提供审计记录查询、分类和存储保护，并可由安全管理与基础支撑功能层统一管理。

（4）数据安全保护功能。采用常规校验机制检验存储的用户数据的完整性，以发现其完整性是否被破坏；可采用密码等技术支持的保密性保护机制，对在计算环境安全中存储和处理的用户数据进行保密性保护。

（5）恶意代码防范功能。安装防恶意代码软件或配置具有相应安全功能的操作系统，并定期进行升级和更新，以提供针对不同操作系统的工作站和服务器的全面恶意代码防护。不仅能够抵御病毒、蠕虫和特洛伊木马，还能抵御新攻击，如垃圾邮件、间谍程序、拨号器、黑客工具和恶作剧，以及针对系统漏洞提供保护、阻止安全风险等。

2. 区域边界安全

随着应用系统和通信网络结构的日渐复杂，异地跨边界的业务访问、移动用户远程业务访问等复杂的系统需求不断增多，如何对跨边界的数据进行有效的控制与监视已成为越来越关注的焦点，这对系统区域边界防护提出了新的挑战和要求。

区域边界安全针对的是对系统的计算环境安全边界及计算环境安全与通信网络安全之间实现连接并实施安全策略的相关部件。数据中心的区域边界安全主要通过在系统边界部署防火墙系统、防毒墙、入侵防御系统、安全接入平台等安全设备和系统，以及使用在管理中心所部署的安全审计系统提供的服务，完成边界包过滤、边界安全审计、边界入侵防范、边界完整性保护、边界安全隔离与可信数据交换等一系列功能。

区域边界部署的安全系统均可被安全管理中心统一管理、统一监控，实现协同防护。区域边界安全需具备以下功能：

（1）边界包过滤功能。提供对数据包的进/出网络接口、协议（TCP、UDP、ICMP、其他非 IP 协议）、源地址、目的地址、源端口、目的端口，以及时间、用户、服务（群组）的访问过滤与控制功能。对进入或流出区域边界的数据进行安全检查，只允许符合安全策略的数据包通过，同时对连接网络的流量、内容过滤进行管理。

（2）边界安全审计功能。在区域边界设置审计机制，提供对被授权人员和系统的网络行为进行解析、分析、记录、汇报的功能，以帮助用户事前规划预防、事中实时监控、违规行为响应、事后合规报告、事故追踪回放，保障网络及系统的正常运行。

（3）边界入侵防范功能。在网络边界处监视以下攻击行为：端口扫描、强力攻击、木马后门攻击、拒绝服务攻击、缓冲区溢出攻击、IP碎片攻击和网络蠕虫攻击等。

（4）边界完整性保护功能。在区域边界设置探测器，可对内部网络中出现的内部用户未通过准许私自联到外部网络及外部用户未经许可违规接入内部网络的行为进行检查和控制。

3. 通信网络安全

通信网络是信息系统的基础支撑平台，而如今网络IP化、设备IT化、应用Web化使信息系统业务日益开放，业务安全漏洞更加易于被利用。通信网络的安全保障越来越成为人们关注的重点。

通信网络安全针对的是对系统的计算环境安全之间进行信息传输及实施安全策略的相关部件。数据中心的通信网络安全主要是通过部署入侵防范系统和VPN加密系统等安全设备和系统以及使用管理中心所部署的安全审计系统提供的服务，完成传输网络安全审计、数据传输完整性与机密性保护等一系列功能。通信网络安全采用基于加密算法的网络传输安全防护系统（SSL VPN），实现数据安全传输与安全审计，保障通信两端的可信接入及数据传输的完整性和保密性。

通信网络安全需具备以下功能：

（1）通信网络安全审计功能。提供通信网络所传输数据包事件的日期和时间、用户、事件类型、事件是否成功及其他与审计相关的信息在内的审计功能。

（2）数据传输完整性与机密性保护功能。通过在不可靠的信道上构建安全可靠的虚拟专用网络，为数据传输提供机密性和完整性保护以及数据源认证、抗重放攻击等安全保障，并且支持采用身份认证、访问控制以及终端安全控制技术，为内部网络建立安全屏障。

4. 安全管理平台

安全管理平台是对业务系统的安全策略及计算环境安全、区域边界安全和通信网络安全上的安全机制实施统一管理的平台。它是一个集合的概念，其核心的内容是实现"集中管理"与"基础支撑"。数据中心的管理中心安全主要是通过部署安全审计系统、接入认证系统、PKI/CA身份认证系统、网络防病毒系统、漏洞扫描系统和安全管理平台等安全设备和系统，完成证书管理、实时监控、统计分析、配置管理、密钥管理、日志管理、系统管理、统一用户管理、统一身份认证、资源授权及访问控制管理、单点登录管理、网络安全审计、主机安全审计、数据库安全审计、应用系统安全审计等一系列功能。

安全管理平台需具备以下功能：

（1）实时监控功能。能从总体上对各安全构件提供简便、易用的导向式监控，能从总体和细节两个层面实时把握安全系统整体运行情况。

该功能提供逻辑视图、物理视图两种实时监控模式和多种不同的图形化及文字报警方式，提供实时监控页面即时切换，并可对实时监控项和图形化统计项进行自定义布局，完成管理员最关心的实时监控和事件统计配置和显示。

（2）统计分析功能。提供事件统计并可将结果生成统计报表，同时提供预定义统计和自定义统计模式。预定义统计分析主要针对系统自身信息的统计报表，主要包括事件统计、密钥统计、设备统计、用户统计和日志统计五大类。

根据实际的统计需求，对统计项进行自定义配置。配置后，统计信息可在实时监控页面中显示，也可通过统计分析进行查看。统计结果以图形化方式呈现，呈现方式多样，至少可支持柱图、饼图、趋势图等，并为关联分析提供支撑。

（3）密钥管理功能。对密钥全生命周期（产生、存储、分发、更新、撤销、停用、备份和恢复）统一管理，确保密钥全生命周期的安全。

（4）日志管理功能。使审计员可以通过日志管理对密钥日志、系统日志进行事后审计和追踪，作为日志审计的依据。密钥日志应主要包括密钥生成日志和密钥分发日志。系统日志应主要包括操作日志、监控日志和运行日志。日志管理应可提供强大、完善的日志查询和检索功能，满足审计员对日志的审计和查询需求。

（5）系统管理功能。通过系统管理对系统自身进行各种参数配置和管理，主要包括服务器管理、组件管理、监控策略管理等。

（6）网络安全审计功能。配合网管系统，实现对网络异常行为及安全事件的审计。

（7）主机安全审计功能。实现用户对主机操作行为的审计。

（8）数据库安全审计功能。实现对数据库操作行为的审计。

（9）应用系统安全审计功能。实现对应用系统操作行为的审计。

3.3.1.3 安全设备及系统

为保障数据中心的计算环境安全、区域边界安全、通信网络安全以及管理中心安全，在数据中心建设过程中需要部署 VPN 加密系统、入侵防御系统、防火墙系统、安全审计系统、漏洞扫描系统、网络防病毒系统、安全管理平台等安全设备及系统来保障整个数据中心系统的安全运行。

1. VPN 加密系统

VPN 的身份认证通过 LDAP（Lightweight Directory Access Protocol）协议可以与认证服务器建立认证关系，也可以与 PKI（Public Key Infrastructure）/CA（Certificate of Authority）服务器建立联系在终端导入证书，VPN 加密技术采用 DES（Data Encryption Standard）、3DES（Triple DES）、AES（Advanced Encryption Standard）、IDEA（International Data Encryption Algorithm）、RC4（Rivest Cipher 4）等加密技术，通过上述的加密技术，保证视频、信令、数据在公共网络中传输安全。

HydroBIM 数据中心 VPN 加密系统功能要求：①支持丰富的 Client/Server、Brower/Server 应用；②支持多种认证方式；③支持多种终端设备接入，包括 Windows 平台、Linux 平台、Andriod 平台；④支持统一安全管理系统的统一管理；⑤支持双机备份和负载均衡；⑥终端安全接入控制；⑦基于角色的访问控制；⑧支持主机绑定；⑨支持基于用户的终端安全检查；⑩支持分支机构的局域网接入。

2. 入侵防御系统

入侵防御系统是一种软、硬结合的计算机系统。它能通过攻击特征库匹配、漏洞机理分析、应用还原重组、网络异常分析等主要技术，实现精确抵御流行的攻击程序和有害代码，数据中心入侵防御系统功能要求如下：

（1）坚固的入侵防御体系。能够精确抵御黑客攻击、蠕虫、木马、后门。应用还原重组技术，抑制间谍软件、灰色软件、网络钓鱼的泛滥。具备网络异常分析技术，全面防止拒绝服务攻击。

（2）动、静态检测功能。动态检测与静态检测融合，基于原理的检测方法与基于特征的检测方法并存。

（3）防 DoS（Denial of Service）攻击能力。有效抵抗服务攻击，阻断绝大多数的 DoS 攻击行为。

3. 防火墙系统

防火墙是传输与网络安全中最基本、最常用的手段之一。防火墙可以实现数据中心内部、外部网络之间的逻辑隔离，达到有效控制对网络访问的作用；可以做到网络间的单向访问需求，过滤一些不安全服务；可以针对协议、端号、时间、流量等条件实现安全的访问控制，并且具有很强的日志记录功能，对不同通信网络所要求的策略来记录所有不安会的访问行为。数据中心防火墙系统功能要求如下：

（1）攻击防范能力：能防御 DoS/DDoS（Distributed Denial of Service）攻击、ARP（Address Resolution Protocol）欺骗攻击、TCP（Transmission Control Protocol）报文标志位不合法攻击、Large ICMP（Internet Control Message Protocol）报文攻击、地址扫描攻击和端口扫描攻击等多种恶意攻击，同时支持黑名单、MAC 地址（Media Access Control Address）绑定、内容过滤等功能。

（2）状态安全过滤。支持基础、扩展和基于接口的状态检测包过滤技术；支持应用层报文过滤协议，支持对每一个连接状态信息的维护监测并动态地过滤数据包，支持对应用层协议的状态监控。

（3）完善的访问控制特性。支持基于源 IP（Internet Protocol）、目的 IP、源端口、目的端口、时间、服务、用户、文件、网址、关键字、邮件地址、脚本、MAC 地址等多种方式进行访问控制；支持流量管理、连接数控制、IP＋MAC 绑定、用户认证等。

（4）应用层内容过滤。可以有效地识别网络中各种 P2P（Peer to Peer）模式的应用，并且对这些应用采取限流的控制措施，有效保护网络带宽；支持邮件过滤，提供 SMTP（Simple Mail Transfer Protocol）邮件地址、标题、附件和内容过滤；支持网页过滤，提供 URL 和内容过滤。

（5）NAT（Network Address Translation）应用支持。提供多对一、多对多、静态网段、双向转换、IP 和 DNS 映射等 NAT 应用方式；支持多种应用协议正确穿越 NAT 功能。

（6）认证服务。支持本地用户、RADIUS（Remote Authentication Dial In User Service）、TACACS（Terminal Access Controller Access - Control System）等认证方式；支持基于用户身份的管理，实现不同身份的用户拥有不同的命令执行权限，并且支持用户视图分级，对于不同级别的用户赋予不同的管理配置权限。

（7）集中管理与审计。提供各种日志功能、流量统计和分析功能、各种事件监控和统计功能、邮件告警功能。

4. 安全审计系统

安全审计系统是按照一定的安全策略，利用记录、系统活动和用户活动等信息检查、审查和检验操作事件的环境及活动，从而发现系统漏洞、入侵行为或改善系统性能的过程。它是记录与审查用户操作计算机及网络系统活动的过程，是提高系统安全性的重要举措。数据中心安全审计系统功能要求如下：

（1）敏感行为记录。支持用户基于网络应用的具体情况，自定义敏感的网络访问行为数据特征，系统可以根据策略对于敏感事件实时记录、显示和阻断。

（2）特定网络连接实时监视功能。支持用户通过会话监控功能对正在进行的连接会话内容进行实时监控，并支持手工阻断、自动阻断功能。

（3）流量审计。支持对 IP、TCP、UDP、ICMP、P2P 等应用协议的流量监测，提供基于 IP 地址、用户组、应用协议类型、时间、端口等组合流量审计策略；可分析网络流量最大值、均值、总值、实时流量、TOPN 等。

（4）网络管理行为审计。支持 TELNET、FTP 访问审计，记录 TELNET、FTP 访问的时间、地址、账号、命令等信息；对违反审计策略的操作行为实时报警、记录。

（5）互联网行为审计。支持对网页访问、论坛、即时通信、在线视频、P2P 下载、网络游戏、炒股、文件上传下载等行为进行全面监控管理。

（6）HTTP 协议审计。中英文 URL 数据库，超过十种分类，如不良言论、色情暴力等；可过滤非法不良网站，并支持用户添加自定义 URL；支持针对 URL、HTTP 网页页面内容、HTTP 搜索引擎的关键字过滤。

（7）SMTP 协议审计。支持 SMTP、POP3、WebMAIL 等协议；支持基于邮箱地址、邮件主题、邮件内容、附件名的关键字审计策略；针对符合审计策略的事件，提供实时告警、阻断和信息还原。

（8）FTP 协议审计。支持基于 IP 地址、用户组、时间、命令关键字等组合审计策略，可记录源 IP 地址、目的 IP 地址、账号、命令及上传下载文件名等。

（9）数据库访问行为审计。支持 Oracle、SQL Server、MySQL、DB2、Sybase、Infomix 等数据库，实时审计用户对数据库的所有操作（如创建、插入、删除等），精细还原操作命令，并及时告警响应。

（10）Windows 远程访问行为审计：支持对 NETBIOS 协议审计，记录具体时间、地址、具体操作等。

（11）通信加密。与安全中心间的通信采用强加密传输告警日志与控制命令，避免可能存在的嗅探行为，实现数据传输的安全。

5. 漏洞扫描系统

通过部署漏洞扫描系统，可以对数据中心主机服务器系统（Linux、数据库、Windows）、交换机、路由器、防火墙、入侵防御、安全审计、边界接入平台等设备，实现不同内容、不同级别、不同程度、不同层次的扫描。对扫描结果以报表和图形的方式进行分析，实现隐患扫描、安全评估、脆弱性分析和解决方案。数据中心漏洞扫描系统功能要求如下：

（1）漏洞检测。能够对网络（安全）设备、主机系统和应用服务的漏洞进行扫描，指出有关网络的安全漏洞及被测系统的薄弱环节，给出详细的检测报告，并针对检测到的网络安全隐患给出相应的修补措施和安全建议。

（2）漏洞管理。漏洞管理的循环过程划分为漏洞预警、漏洞分析、漏洞修复、漏洞审计四个阶段。

1）最新的高风险漏洞信息公布之际，在第一时间通过邮件或者电话的方式向用户进行通告，并且提供相应的预防措施。

2）对网络中的资产进行自动发现，并且按照资产重要性进行分类，再采用业界权威的风险评估模型对资产的风险进行评估。

3）提供可操作性很强的漏洞修复方案，同时提供二次开发接口给第三方的补丁管理产品进行联动，方便用户及时高效地对漏洞进行修复。

4）通过发送邮件通知的方式督促相应的安全管理人员对漏洞进行修复，同时启动定时扫描任务对漏洞进行审计。

（3）安全管理。安全管理包括以下几点：

1）系统将所发现的隐患和漏洞依照风险等级进行分类，向用户发出不同的警告提示，提交风险评估报告，并给出详细的解决办法。

2）系统对可扫描的 IP 地址进行严格地限定，有效防止系统被滥用和盗用。

3）扫描数据结果与升级包文件采用专用的算法加密，实现扫描漏洞信息的保密性，升级数据包的合法来源性。

4）系统具有定时扫描功能，用户可以定制扫描时间，从而实现自动化扫描，生成报表。

（4）策略管理功能。策略管理包括以下功能：

1）系统可定义丰富的扫描策略，包括完全扫描 Linux、数据库、Windows、网络设备、路由器、防火墙、20 个常见漏洞等内置策略，实现不同内容、不同级别、不同程度、不同层次的扫描。

2）系统针对不同用户的需求，可定义扫描范围、扫描使用的参数集、扫描并发主机数等具体扫描选项，对扫描策略进行合理的组合，更快、更有效地帮助不同用户构建自己专用的安全策略。

6. 网络防病毒系统

在数据中心核心交换机上部署一台网络防病毒服务器，实施统一的防病毒策略，使分布在数据中心每台计算机上的防病毒系统实施相同的防病毒策略，全网达到统一的病毒防护强度。同时防病毒服务器实时地记录防护体系内每台计算机上的病毒监控、检测和清除信息，根据管理员控制台的设置，实现对整个防护系统的自动控制。数据中心网络防病毒系统功能要求如下：

（1）病毒防范和查杀能力。开启实时监控后能完全预防已知病毒的危害；可防范、检测并清除隐藏于电子邮件、公共文件夹及数据库中的计算机病毒、恶性程序、病毒邮件；能有效预防、查杀映像劫持类型的病毒；可以防范网页中的恶意代码；支持压缩文件、打包文件查杀病毒（在不加密的情况下，不限层数）；支持内存查杀病毒、运行文件查杀病毒、引导区查杀病毒；支持图片、视频等多媒体文件的查杀病毒；支持邮件系统、微软 Outlook 等常见客户端邮件系统的防、杀病毒；能够有效查杀各类 Office 文档中的宏病毒，支持共享文件的病毒查杀；具有未知病毒的检测、清除能力。

（2）升级管理，包括以下功能：

1）依据策略，全网统一自动升级，不需要人为干涉。

2）增量升级，包括系统中心从网站升级，客户端从系统中心升级，下级中心从上级中心升级，以减少升级时带来的网络流量。可设置升级周期和升级时间范围，实现及时升级并避免升级时占用网络带宽影响用户正常业务的通信。

3）在与 Internet 隔离的内部网络中，提供多种升级方式，包括自动在线升级、手动升级、下载离线升级包升级等。

7. 安全管理平台

安全管理平台的目标是要确保全局的掌控，确保整个体系的完整性，而不仅限于局部系统的完整性；对于安全问题、事件的检测要能够汇总和综合到中央监控体系，确保整个体系的可追究性。

3.3.2 容灾备份

一切能够引起系统非正常停机的事件都可以称之为灾难，包括自然灾害、设备故障、人为操作破坏等。容灾就是在上述灾难发生时，保证系统数据尽量少丢失，并保证系统可以不间断运行。

数据中心的容灾备份要求是：实现远程数据实时备份，实现零丢失，业务系统可以实现实时无缝切换，并具备远程集群系统的实时监控和自动切换能力。

3.3.2.1 双活数据中心

数据中心出于容灾备份的目的，一般都会建设两个或多个数据中心：一个是主数据中心，用于承担用户的业务；另一个是备份数据中心，用于备份主数据中心的数据、配置、业务等。主备数据中心之间一般有热备、冷备、双活三种备份方式：

（1）热备。只有主数据中心承担用户的业务，此时备数据中心对主数据中心进行实时备份，当主数据中心宕机，备数据中心可以自动接管主数据中心的业务，用户的业务不会中断，所以也感觉不到数据中心的切换。

（2）冷备。只有主数据中心承担用户的业务，但是备用数据中心不会对主数据中心进行实时备份，这时可能是周期性地进行备份或者干脆不进行备份，如果主数据中心出现故障，用户的业务就会中断。

（3）双活。主备两个数据中心都同时承担用户的业务，主备两个数据中心互为备份，并且进行实时备份。一般来说，主数据中心的负载可能会多一些，比如分担60%～70%的业务，备数据中心只分担40%～30%的业务，通过负载均衡控制。

双活数据中心的概念，既保证了业务的连续性，又保证了两个站点的硬件资源得到充分利用。

要实现完备的双活架构，需要在信息系统的各个层面进行双活设计。将数据中心的信息系统技术架构分为七层：访问接入层、Web层、应用层、数据库层、操作系统层、存储层、网络层。下面将对每一层的双活技术进行分析。

3.3.2.2 访问接入层

为满足双活中心的需求，必须使客户端的请求在多个中心之间进行智能选择，实现业务的连续性（性能最优/故障切换/按需连接）。实现站点选择通常有两种方式：①传统站点轮询技术；②站点负载均衡技术。多中心之间的站点选择方式见表3.3-1。

表3.3-1　　　　　　　　　　多中心之间的站点选择方式

实现方式	传统站点轮询	站点负载均衡
简要描述	采用客户端设多个IP地址，采用IP轮询方式（开发程序配合），选用适合的站点	采用站点负载均衡设备，通过策略设计，使得用户访问最适合的站点
切换时间	分钟级（手动策略有关）	实时
应用程序	需要修改	不需要修改，应用不变
增加设备	不需要	增加站点负载均衡设备和DNS服务器
可扩展性	低	高
站点分配方式	静态连接	可根据数据中心负载，用户距离分配
资源利用率	低，访问资源较为固定，资源利用率不高	高，可根据应用负载和距离自动分配，资源利用率高

3.3.2.3　Web层和应用层

Web层和应用层双活实现机制主要有三种：①基于主机集群技术；②基于中间件软件自身集群实现功能；③基于负载均衡设备方式。Web/应用层双活实现机制的方式见表3.3-2。

表3.3-2　　　　　　　Web/应用层双活实现机制的方式

实现方式	主机集群	应用软件集群	负载均衡
简要描述	采用主机操作系统本身的集群功能实现中心内部/中心之间的双活	采用应用中间件自身的集群功能实现中心内部/中心之间的双活	采用负载均衡设备来实现中心内部/中心之间的双活
切换时间	实时切换	实时切换	实时切换
应用程序	不需要改变	不需要改变	不需要改变
增加设备/软件	集群卡/高速交换机	集群软件	负载均衡设备
可扩展性	一般	一般	强
负载分配方式	动态	动态	动态
实现方式	复杂	较简单	简单

3.3.2.4　数据库层

数据库层的双活技术主要有两种：①数据库集群技术；②数据库复制技术。数据库层的双活技术见表3.3-3。

表3.3-3　　　　　　　　数据库层的双活技术

实现方式	数据库集群	数据库复制技术
简要描述	跨中心实现数据库集群，共同承担业务系统的运行，数据库实时同步，一个中心的集群存在问题，另一个中心实时接管	数据库同城采用同步机制，在同步的基础上通过部署不同应用实现应用双活
切换时间	实时切换	分钟级
应用程序	不需要改变	不需要改变
增加设备/软件	需增加不同实例之间的数据同步软件或设备	数据库复制软件
可扩展性	一般	好
负载分配方式	动态	静态
实现方式	较为复杂	简单
数据丢失	无	分钟级/秒级/无

3.3.2.5 操作系统层

操作系统层的双活技术已经较为成熟，可以采用 HA（High Availability）和集群技术实现。目前虚拟机的相关技术有比较大的发展，可以充分利用灾备切换技术进行操作系统层的双活部署。对于云环境，实现操作系统层的双活比较容易。

3.3.2.6 存储层

存储双活实现机制主要有四种：①基于主机卷复制技术；②基于存储虚拟化技术；③基于存储复制技术；④基于 SAN（Storage Area Network）网络复制技术。存储双活实现机制见表 3.3－4。

表 3.3－4　　　　　　　　　存储双活实现机制

实现方式	主机卷复制技术	存储虚拟化技术	存储复制技术	SAN 网络复制技术
简要描述	通过安装在主机上的卷管理工具，实现存储的复制功能	通过存储虚拟化技术，实现跨中心的数据复制技术	通过存储复制软件实现跨中心的数据复制	通过 SAN 网络实现数据复制
技术切换时间	实时	实时	小时级	小时级
应用程序	不需要改变	不需要改变	不需要改变	不需要改变
增加设备/软件	卷管理工具	存储虚拟化技术	存储复制软件	SAN 网络管理软件
可扩展性	不强	强	强	不强
存储要求	不高	不高	存储同构	SAN 交换机
同构性能	占用主机资源，要求进行数据迁移	较高，对主机和存储透明	占用存储资源	占用 SAN 网络资源
数据丢失	零丢失	零丢失	零丢失	零丢失

3.3.2.7 网络层

双活模式下的网络互联既需要保证 IP 网络的高可用性，又要保证能够满足既定双活要求：①如果大量使用虚拟机热迁移等技术，需要双活中心间两层互通；②同城间部署光纤通道，保证数据同步；③异地间要求实现 IP 网络高速互通，保证异地双活和数据复制；④对于安全部署，双活两边各需部署安全设备和软件，但需要进行统一管理。

第 4 章

HydroBIM – EPC 项目管理平台建设

4.1 平台总体设计

4.1.1 平台功能需求分析

平台功能需求分析是指系统分析人员通过理解用户需求，明确平台的业务需求，对客户的需求运用技术手段进行整理并文档化来满足客户需求，并且估计软件开发过程中的风险和评估平台开发的代价，最终形成开发计划的复杂过程，为平台的进一步设计与实现提供基础信息和标准。

HydroBIM – EPC 项目管理平台的功能需求分析：①要从所有总包项目管理总部入手，在尊重公司信息化应用现状的基础上，结合总承包工程建设领域存在的问题，以发展的眼光做好平台需求分析；充分利用计算机技术、网络技术、信息技术等手段，建立信息集成、资源共享、功能强大的基建管理的信息化平台，实现对工程建设项目全过程、全方位及远程控制与管理。②形成以现场施工管理为主线，以质量、安全、费用、进度和施工控制为目标的现场施工管理信息系统，实现对 EPC 施工项目统一、规范的管理与控制，解决项目实施中的业主、承包商、监理及供应商等各工程参与方的管理与协调问题，提供与现场施工管理相关的基本信息和有利于领导决策的统计分析与汇总信息，提高总包项目现场施工管理工作的效率和总体水平。

鉴于此，通过对总包项目管理总部以及施工项目管理部进行调研，挖掘出平台总体功能需求如下：

（1）基本办公的需要。总包项目管理总部以及施工项目管理部均需要进行各种文档的处理工作，包括各种往来的文件、工程资料、设计图纸、变更洽商记录、各种图片、图像资料等。如何对工程施工过程中产生的大量文档进行管理，如何高效地利用各种软、硬件资源辅助工作，是对信息化建设方面提出的一个最基本的需求。

（2）内部信息传输的需要。总包项目管理总部以及施工项目管理部内部各部门之间、管理人员之间在日常工作中会有大量的信息、文档需要交流和传递，这些信息可以通过传统方式（如口头或者书面的方式）进行交流，但往往会造成不及时、资源浪费大、效率低下等弊端。

因此需要建立一个畅通的网络交流环境，通过网络系统不同用户之间可以共享、传递各种信息，减少中间环节，提高工作效率。同时通过网络系统还可以与其他各施工单位进行网上联系，便于及时进行信息沟通。

（3）与外部单位之间的信息沟通的需要。总包项目管理总部以及施工项目管理部经常与政府、业主单位、监理单位、施工单位以及各设备材料供应商等联系，其文件的往来往往是通过邮件的方式传递，因此，在系统平台上必须可以按时按要求对各种文档、工程资料、视频消息等资料进行上传，同时能够在信息平台上接受各种文件等。

（4）资源管理的需要。在工程施工管理过程中，参加施工单位、项目领导及各有关部室、相关上级单位等需要及时了解和掌握各参加施工单位的人、机、料情况及各种技术文件等资源信息，并针对存在的问题及时进行解决。但是这些信息资源一般都是分散的，要动态掌握这些信息需要大量的、重复的工作，往往还不能做到及时。利用信息化手段对这些信息进行共享和自动的汇总统计，会极大地提高工作效率和工作效果。

（5）质量控制的需要。由于总包项目工程体量庞大，涉及的施工单位、设备供应商以及材料供应商众多，并且多道工序交叉作业，工程质量控制难度极大，为此需要一套信息化系统对工程中的质量进行管理，确保在上道工序质量合格的情况下才能交到下道工序施工，以实现总包项目全过程、全方位的受控。

4.1.2 平台总体功能设计

通过将 HydroBIM-EPC 项目管理平台各个业务模块数据与 BIM 模型的双向链接，建立清晰的业务逻辑和明确的数据交换关系，实现业务管理、实时控制和决策支持三方面的项目综合管理，为项目各参与方管理人员提供基于浏览器的远程业务管理和控制手段。系统主要功能如下：

（1）业务管理。为各职能部门业务人员提供项目的综合管理、项目策划与合同管理、资源管理、设计管理、招标采购管理、进度管理、质量管理、费用控制管理、安全生产与职业健康管理、环境管理、财务管理、风险管理、试运行管理、HydroBIM 管理等功能，业务管理数据与 BIM 的相关对象进行关联，实现各项业务之间的联动和控制。

（2）实时控制。为项目管理人员提供实时数据查询、统计分析、事件追踪、实时预警等功能，可按照多种条件进行实时数据查询、统计分析并自动生成统计报表。通过设定事件流程，对施工过程中发生的安全、质量等事件进行跟踪，到达设定阈值时将实时预警，并自动通过邮件和手机短信通知相关管理人员。

（3）决策支持。提供工期分析、台账分析以及效能分析等功能，为决策人员的管理决策提供分析依据和支持。

4.2　平台方案设计

4.2.1　客户端方案设计

与用户直接交流的是客户端程序的人机界面，人机界面是否友好直接影响管理信息系统的推动。客户端程序的设计思想应以人为本，提高程序的可操作性，同时考虑操作界面的简洁、美观、大方。

客户端通过 Internet 连接到网络服务器，在这个过程中，客户端主要是供系统运行、管理的 Web 页面。考虑到系统的实用性、安全性等目标，系统客户端采用瘦客户机，即一种可以不具有硬盘驱动器的计算机，它直接访问运行于网络服务器上的应用程序。因此，HydroBIM - EPC 项目管理平台中传送到客户端的 Web 页面不能对客户端配置有任何特殊要求，只要安装最简单的浏览器，用户就能够通过 Internet 访问系统，进行各种操作（具有 HydroBIM 模型可视化与动态分析权限的用户，其客户端配置要求稍高）。

4.2.1.1　设计原则

在设计客户端程序时，应从整体上遵循以下三个原则：

（1）为方便用户进行操作，程序应具备导航功能，将各项业务功能以树形结构显示在窗口中。

（2）操作方式应该尽量符合 Windows 操作习惯，使用户能更快、更熟练地使用程序。

（3）客户端程序显示数据的区域应尽可能最大，以标签/页面的形式在同一区域显示多个表的数据，同时导航窗口和查询条件窗口应具有自动隐藏功能。

4.2.1.2　关键技术研究

客户端在具体实现上需要借助一些关键技术，如基于 AJAX 的 Web Service 的调用、XML 与 JSON 数据格式的转换、基于 WebGL 的 BIM 模型显示等。下面将分别介绍各关键技术在客户端开发过程中的具体实现。

1. 基于 AJAX 的 Web Service 调用实现

客户端需要与 Web 服务器进行交互，完成对数据的更新，表现为使用 AJAX 调用基于 SOAP（Simple Object Access Protocol）的 Web Service。图 4.2-1 所示为 AJAX 调用 Web Service 执行流程图。

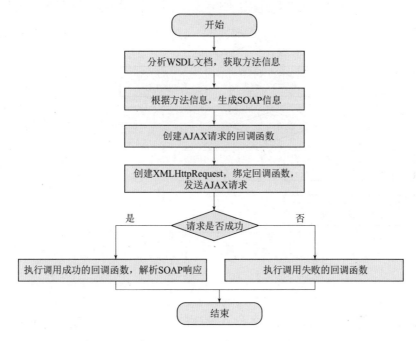

图 4.2-1 AJAX 调用 Web Service 执行流程图

首先，分析 Web Service 所提供的 WSDL（Web Services Description Language）文档，获取命名空间以及所要访问方法的名称等信息；其次，根据命名空间、方法名称以及方法参数，生成 SOAP 请求消息；再次，创建 AJAX 回调函数，用于在服务调用成功后解析所返回的 SOAP 响应；最后，使用 XMLHttpRequest 发送 HTTP 异步请求至 Web 服务器，并执行所定义的回调函数，解析 SOAP 响应。

2. XML 文件解析实现

客户端需要从 XML 文件中获取任务数据，因此需要加载 XML 文件，并使用智能移动终端平台所自带的 DOM 解析器，通过 JavaScript 完成对 XML 文件的解析，XML 文件解析执行流程如图 4.2-2 所示。

XML 文件解析实现主要有以下两个步骤：

（1）使用 window. requestFileSystem 方法读取终端的根文件系统，获取根文件系统对象；若读取成功，则获取根目录对象，使用根目录对象所提供的

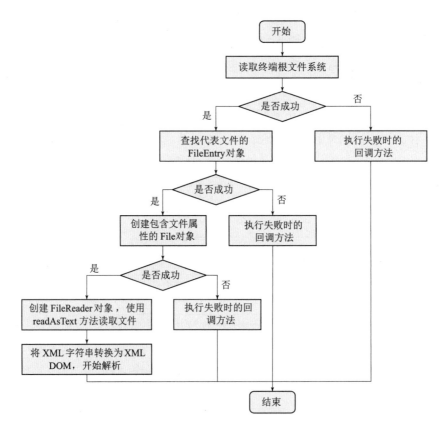

图 4.2 - 2 XML 文件解析执行流程图

getFile 方法，查找所要读取的文件；若查找成功，则创建 FileReader 对象，使用 FileReader 对象所提供的 readAsText 方法读取该文件；读取请求完成后，使用 FileReader 的 onloadend 回调方法，在方法中对读取结果进行操作，即完成任务数据文件的读取操作，将文件内容以字符串形式读取到内存中。

（2）创建 DOM 解析器，加载 XML 字符串，将 XML 字符串转换为 JavaScript 可以访问的 XML DOM 对象，并根据需要，使用 DOM 解析器所提供的方法对内存中的 XML DOM 对象进行检索遍历，从而完成对 XML 的解析。

3. XML 与 JSON 数据格式的转换

与 XML 数据格式相比，JSON 作为 JavaScript 编程语言的一个子集，在基于 Web 技术的应用中，使用更加方便。在 HydroBIM – EPC 项目管理平台客户端中，为了更加方便清晰地存储与解析数据，将 XML 格式的数据转换成 JSON 格式的字符串存储于终端的本地数据库中，XML 到 JSON 数据格式的转换过程如图 4.2 - 3 所示。

在图 4.2 - 3 中，客户端的 XML 与 JSON 数据格式的转换过程主要分为

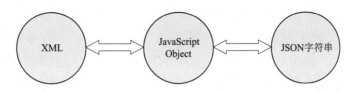

图 4.2-3 XML 到 JSON 数据格式的转换过程

两个步骤：首先，将 XML 数据通过 DOM 解析器，生成具有一定格式的 JavaScript 对象；然后，将 JavaScript 对象转换为 JSON 格式的字符串，以方便在本地数据库中存储。

4. 基于 WebGL 的 BIM 模型显示

（1）三维模型显示。Web 客户端的三维模型显示基于 HTML5 标准中的 WebGL 技术，该技术为 OpenGL ES 在 Web 环境下的使用提供了相应接口。为了更快速、高效地实现基于 WebGL 的图形三维浏览，可使用 WebGL 的上层框架。目前较为成熟的 WebGL 框架有 Three.js、PhiloGL、GLGE、Scene-JS、C3DL 等。在 HydroBIM - EPC 项目管理平台中通过采用 SceneJS 框架实现 BIM 模型的显示。

一个三维显示对象的基本信息包括几何与材质，在数据接口中均有相关定义。这些信息在 Web 客户端被读取之后，将被载入到新生成的 SceneJS 三维对象中，之后将三维对象添加进入场景，等待被渲染器渲染。

（2）真实感显示。基于 OpenGL 的真实感显示包括光学真实感以及材质真实感。其中，光学真实感主要包括法向量的定义以及光照模型的选择。而材质真实感主要包括材料光学属性、纹理贴图，而基于 WebGL 的真实感显示同样如此。

1）通过法向量能够计算光源反射的方向，从而得到合理的光学效果。法向量包括面法向量与顶点法向量。其中面法向量用于计算各个面片的明暗效果；顶点法向量用于计算各面片交界处的明暗效果，使相邻面片的色彩在边界上有平滑的过渡，从而能够对曲面进行光学近似。在 SceneJS 中，面法向量可以自行计算，而顶点法向量能够直接赋值。

2）光照模型的选择是影响模型的光学渲染效果的决定性因素。无光照模型，则三维形体的材质无明暗变化，仅有一种不变的颜色。较为经典的光照模型有 Lambert 模型与 Phong 模型。其中，Lambert 模型仅包含材质的漫反射，适合于表面粗糙的木材、布匹等漫反射材质；而 Phong 模型中加入了高光系数与镜面反射，适合于表现金属、玻璃等高光材质。

3）材料的光学属性包括透明度、环境光颜色、漫射光颜色、反射光颜色、辐射光颜色、镜面指数等。不同的光照模型均需要一部分光学属性作为计算量，因而材料的光学属性是影响材质真实感的根本因素。

4）材质的纹理需要通过纹理贴图的方式实现。每个平面多边形的材质贴图需要定义图片，并定义各定点对应的贴图坐标，渲染时便能够将图片中贴图坐标点围成的区域映射至平面多边形上。在 SceneJS 中，贴图的资源被定义于材质对象中，而贴图坐标以及索引被定义于几何对象中。

（3）三维动态交互。三维动态交互是基于鼠标事件、动画循环实现的。JavaScript 支持各类鼠标事件，并在事件参数中能够提供鼠标位移，而动画循环可通过 requestAnimationFrame（ ）方法实现。它是 JavaScript 专门为动画显示提供的框架，通过 requestAnimationFrame（ ）方法，能够令某一方法进行持续循环，并且由于采用了一定的监听机制，该框架的资源占用较低、效率较高。

最基本的三维动态交互包括模型的转动、平移与缩放，它们的实现通过对相机的参数操作完成。其中，转动的过程即将相机绕过目标点的两个轴旋转相应的鼠标位移，两轴的方向分别为相机平面的两个坐标轴的方向；平移则是先将鼠标位移量在相机平面根据横纵坐标的分解得到平移量，再将相机目标点的坐标与自身坐标都改变对应相等的平移量；缩放与相机的视图类型相关。当相机视图为正交视图时，缩放是通过改变相机的视口大小来实现，而当相机的视图为透视视图时，缩放则通过将相机在其与目标点连线所在的直线上移动实现。

（4）实时交互。服务器与 Web 客户端之间基本的信息传输方式是基于 HTTP 协议的，最原始的数据交互方式为 Web 客户端发起请求，之后服务器立即处理、传输信息。在这种模式下，服务器并无信息发送的主动权，因而并不能够实时地向 Web 客户端发送数据信息，实时交互无从说起。为了实现服务器的主动信息传输而诞生的技术被称为服务器推送技术，传统的服务器推送技术基于 HTTP 协议，包括 long - polling、iframe 等方式。

在 HTML5 的发布后，基于全新协议的 WebSocket 技术为服务器推送带来了更加专业的解决方案。WebSocket 通过服务器与客户端的握手便可建立二者之间的双向通信通道，从而实现数据的相互传输，整个过程如图 4.2 - 4 所示。与 HTTP 协议冗长的信息头不同，WebSocket 中数据相互传输的信息头很小，占用资源更少。

4.2.1.3 客户端优化设计

为提高客户端访问系统的速度，系统客户端的设计采用了一系列降低页面文件大小的措施。具体如下：

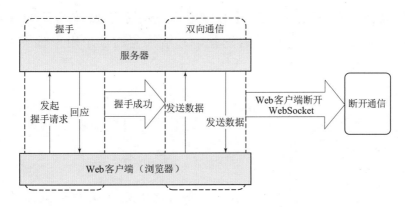

图 4.2－4 WebSocket 通信过程

（1）采用基于 Web 标准的页面布局方式，代码量比传统的表格定位的布局方式节省很多，从而能大大节省带宽，提高系统访问速度。

（2）系统左侧设有导航菜单，参照 Windows XP 风格的模块菜单设计，既简单，又实用，远比其他设计方案节省带宽。

（3）系统设有统一的页面模板，绝大多数页面布局、颜色搭配方案统一。

（4）页面设计简洁明快，能提高页面加载速度。

（5）客户端脚本使用 JavaScript 语言，扩大页面兼容性。

（6）绝大多数超链接元素和表格元素都由 CSS 和 HTML 产生，从而降低了页面的数据含量。

（7）尽可能少地采用图片元素，以保证页面的加载速度。

（8）选用标准的页面颜色和字体，以满足瘦客户机最低限度的支持能力。

4.2.2 数据流方案设计

数据流程图（Data Flow Diagram，DFD）是描述管理信息系统逻辑模型的主要工具。它有两个特点：①抽象性，它把机构、场所、人员等内容去掉，只剩下信息的存储、流动、处理、输出等过程，使人们有可能抽象地总结出管理信息系统的任务及各项任务之间的顺序和关系；②概括性，它把系统对各种业务的处理过程联系起来，形成一个总体，给出系统的全貌。概括来讲，数据流程图就是将数据独立抽象出来，通过图形方式描述信息的来龙去脉和实际流程，主要包括对信息的流动、传递、处理、存储等分析。

1. 系统整体数据流程

图 4.2－5 所示的 HydroBIM－EPC 项目管理系统整体 0 级数据流程图由两个实体、一个处理（整个系统被抽象为一个处理逻辑）组成，系统用户和系统管理员可以通过分配的账号登录系统并记录相应信息，而管理员则拥有整个

系统所有的操作权限功能，管理员不但可以登录系统操作相关的工程管理数据，还可以对系统安全进行相应的设置，并给相应的登录用户赋予不同的操作权限并更新到数据库。

图 4.2-5 系统整体 0 级数据流程图

图 4.2-6 是该系统的 1 级数据流程图。该图是 0 级数据流程图中 P 的分解，该图中的各输入、输出与 0 级数据流程图是一致的，只是将系统的处理功能模块进一步细化。

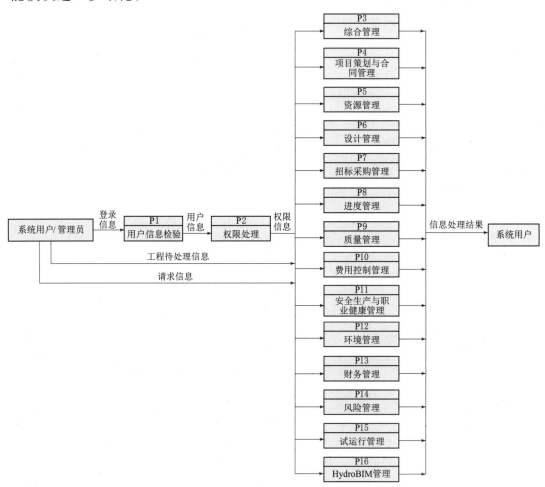

图 4.2-6 系统整体 1 级数据流程图

2. 项目策划与合同管理

项目策划与合同管理模块 0 级、1 级和 2 级数据流程图如图 4.2-7～图

4.2-9 所示。

图 4.2-7 项目策划与合同管理模块 0 级数据流程图

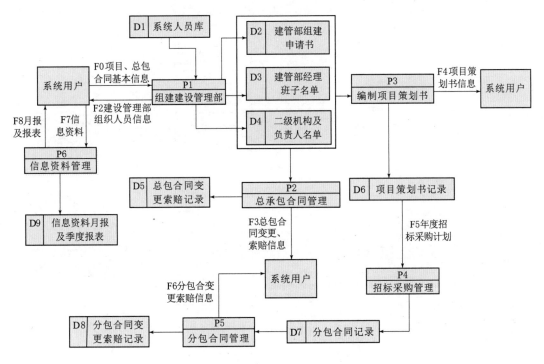

图 4.2-8 项目策划与合同管理模块 1 级数据流程图

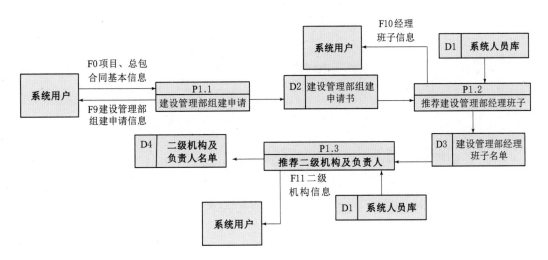

图 4.2-9 项目策划与合同管理模块 2 级数据流程图

3. 设计管理

设计管理模块 0 级、1 级和 2 级数据流程图如图 4.2 – 10～图 4.2 – 12 所示。

图 4.2 – 10　设计管理模块 0 级数据流程图

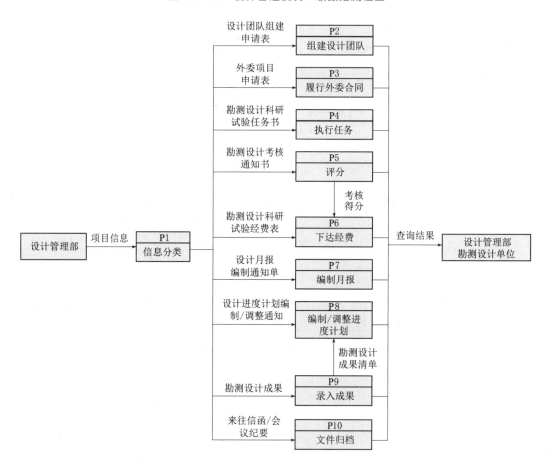

图 4.2 – 11　设计管理模块 1 级数据流程图

4. 招标采购

招标采购模块 0 级、1 级数据流程图如图 4.2 – 13 和图 4.2 – 14 所示。

5. 进度管理

进度管理模块 0 级、1 级和 2 级数据流程图如图 4.2 – 15～图 4.2 – 17 所示。

6. 质量管理

质量管理模块 0 级和 1 级数据流程图如图 4.2 – 18 和图 4.2 – 19 所示。

7. 费用控制管理

费用控制管理模块0级、1级和2级数据流程图如图4.2-20～图4.2-22所示。

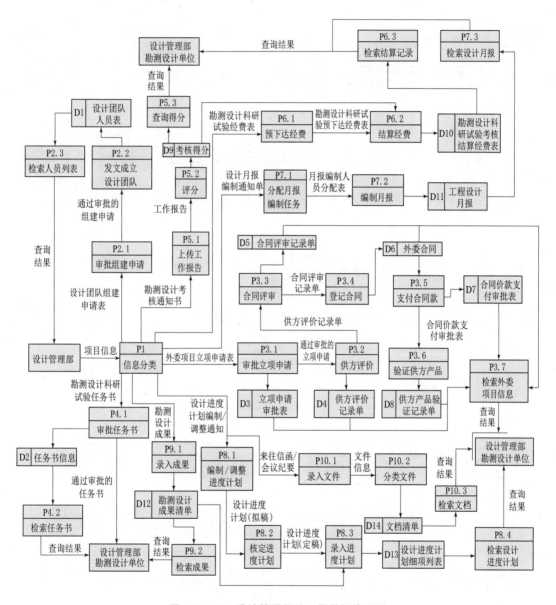

图 4.2-12 设计管理模块 2 级数据流程图

图 4.2-13 招标采购管理模块 0 级数据流程图

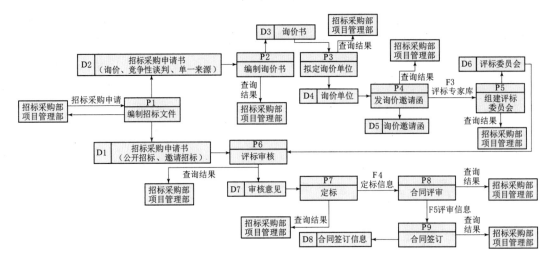

图 4.2–14　招标采购管理模块 1 级数据流程图

图 4.2–15　进度管理模块 0 级数据流程图

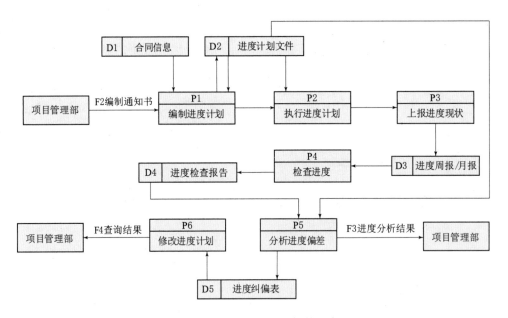

图 4.2–16　进度管理模块 1 级数据流程图

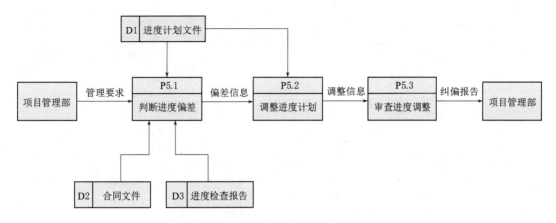

图 4.2－17 进度管理模块 2 级数据流程图

图 4.2－18 质量管理模块 0 级数据流程图

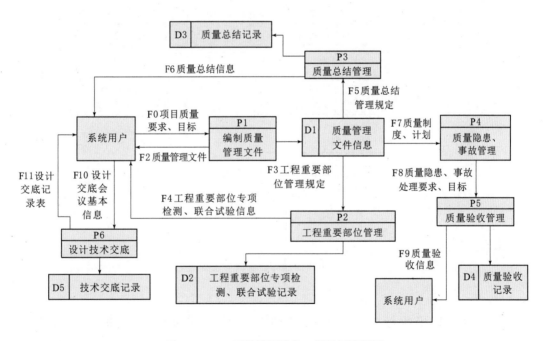

图 4.2－19 质量管理模块 1 级数据流程图

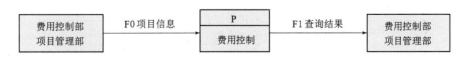

图 4.2－20 费用控制管理模块 0 级数据流程图

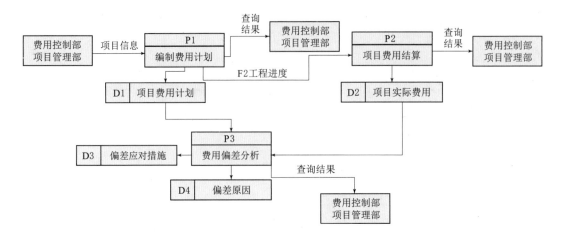

图 4.2－21　费用控制管理模块 1 级数据流程图

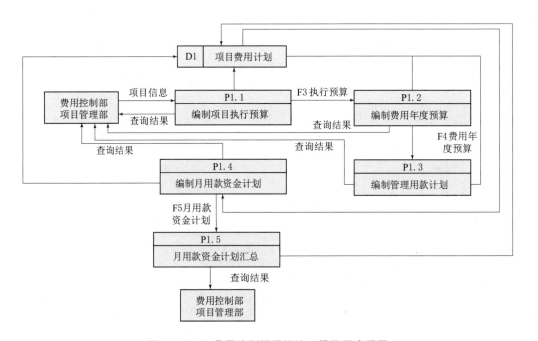

图 4.2－22　费用控制管理模块 2 级数据流程图

8. 安全生产与职业健康管理

安全生产与职业健康管理模块 0 级和 1 级数据流程图如图 4.2－23 和图 4.2－24 所示。

图 4.2－23　安全生产与职业健康管理模块 0 级数据流程图

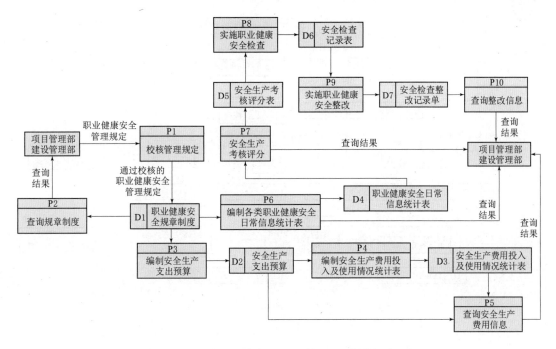

图 4.2-24 安全生产与职业健康模块 1 级数据流程图

9. 环境管理

环境管理模块 0 级、1 级和 2 级数据流程图如图 4.2-25~图 4.2-27 所示。

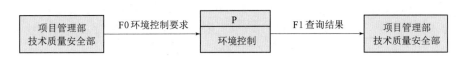

图 4.2-25 环境管理模块 0 级数据流程图

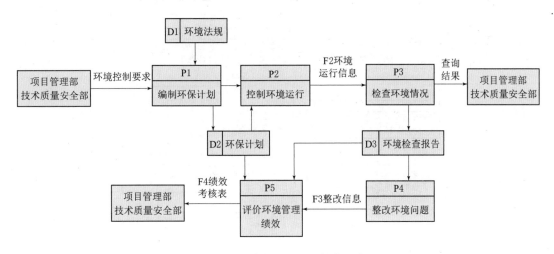

图 4.2-26 环境管理模块 1 级数据流程图

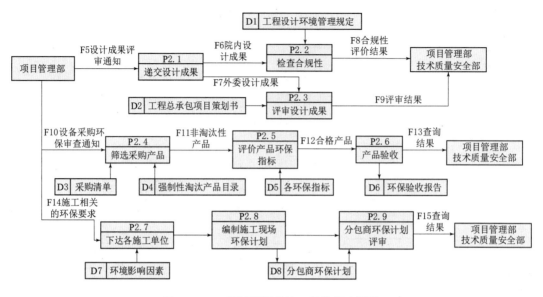

图 4.2 - 27 环境管理模块 2 级数据流程图

10. 财务管理

财务管理模块 0 级和 1 级数据流程图如图 4.2 - 28 和图 4.2 - 29 所示。

图 4.2 - 28 财务管理模块 0 级数据流程图

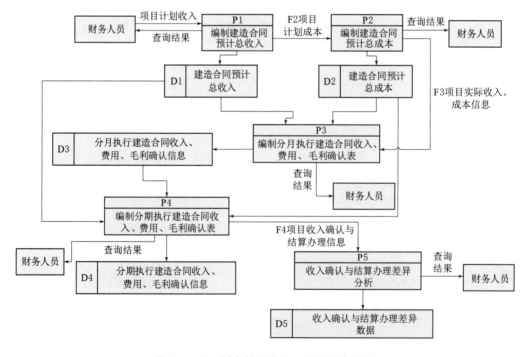

图 4.2 - 29 财务管理模块 1 级数据流程图

11. 风险管理

风险管理模块 0 级、1 级和 2 级数据流程图如图 4.2 - 30 ～图 4.2 - 32 所示。

图 4.2 - 30 风险管理模块 0 级数据流程图

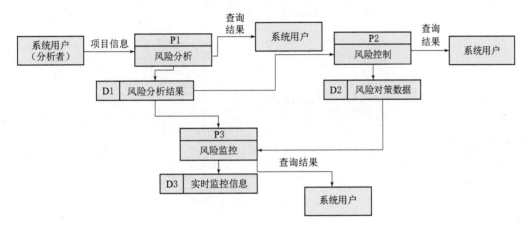

图 4.2 - 31 风险管理模块 1 级数据流程图

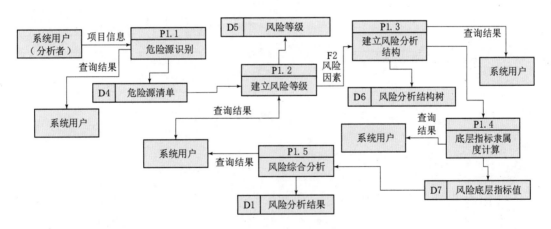

图 4.2 - 32 风险管理模块 2 级数据流程图

12. 试运行管理

试运行管理模块 0 级、1 级和 2 级数据流程图如图 4.2 - 33 ～图 4.2 - 35 所示。

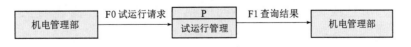

图 4.2 - 33 试运行管理模块 0 级数据流程图

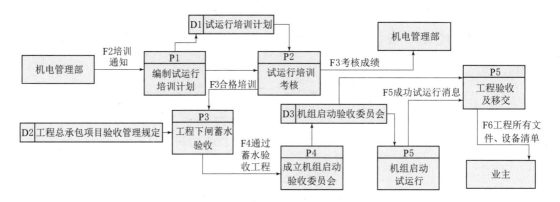

图 4.2 - 34 试运行管理模块 1 级数据流程图

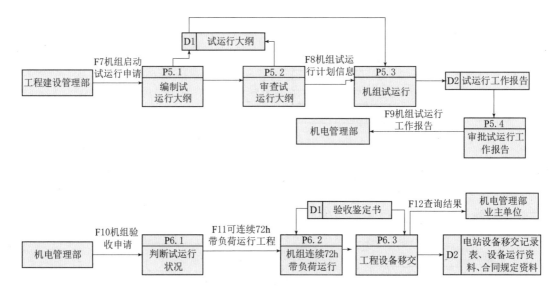

图 4.2 - 35 试运行管理模块 2 级数据流程图

4.2.3 工作流方案设计

工作流的概念起源于生产组织和办公自动化领域。它是针对日常工作中具有固定程序的活动而提出的一个概念，其目的是通过将一个具体的工作分解成多个任务、角色，按照一定的规则和过程，约束与监控这些任务的执行，从而提高企业生产经营管理水平。

根据工作流管理联盟（Workflow Management Coalition，WFMC）的定义：工作流是一类能够完全或者部分自动执行的经营过程，它根据一系列过程规则、文档、信息或任务能够在不同的执行者之间进行传递与执行。简单地说，工作流就是一系列相互衔接、自动进行的业务活动或任务。一个工作流包括一组活动及它们的相互顺序关系，还包括过程及活动的启动和终止条件，以及对每个活动的描述。工作流系统是以规格化的流程描述作为输入的软件组件，它维护流程的运行状态，并在人和应用之间分派活动。

在工作流相关理论和技术基础上，通过对 EPC 总承包管理中的工作流程进行总结归纳，EPC 信息管理系统工作流模型应有以下特点：

（1）形式化语义。EPC 总承包管理中业务流程多是非结构化的，业务规则具有多样性的特点，这就要求工作流过程模型的建模元素应该具有全面的描述能力，其语义应当能够覆盖控制流和数据流。

（2）图形化特征。从用户的角度来讲，工作流过程模型应能较直观地表达业务流程，尤其是对较复杂的业务逻辑，要求能够清晰地显示出业务活动之间的相互关系和流转方式。采用图形化方式建模方法能够较好地满足这个要求。

（3）层次性。对于向纵深方向扩展的业务流程，模型应当提供嵌套功能，使业务流程的结构层次上能够清晰地表达出来，避免平铺直叙的大模型。在工作流建模上，层次性体现在工作流的子流程上。

（4）较完整的表达能力。工作流过程模型应能正确表达业务流程的各个影响因素，包括业务流程的活动、不同的流程条件和路由、活动触发条件、时间控制，以及工作流管理系统的角色权限等。

（5）易构性。办公环境的变化导致业务过程和组织机构的变革，工作流模型应能适应这些变化并为变化提供灵活的支持。这体现在工作流模型应能处理业务流程可能发生的变化或异常情况。

1. EPC 信息管理系统工作流建模思路

不同业务系统业务过程的特点存在很大差异，对应的工作流建模也应该使用不同的方法。EPC 信息管理系统不同于以业务流程优化和重组为目的的商业和制造业工作流管理系统，它强调对项目的有效管理，是以包括公文处理流转控制为主要内容的应用系统。其流程特点是：流程复杂，灵活性大；流程执行涉及空间数据操作；需处理子流、辅流、汇流；需处理并行、同步等流转控制；存在组织机构调整；需考虑流程异常处理机制；数据共享性和流程执行的时效性强。

根据上述分析，系统工作流建模分为以下两步：①对 EPC 总承包管理进行业务需求分析，描述出项目管理控制模型。这是对现实业务的初步抽象和建模，需要注意表达的完整性和流程的层次性。②在上一步的基础上，使用活动网络图建模技术建立面向计算机软件设计思想的工作流模型，是对上一步的继续抽象，从逻辑层次上建模。

2. 基于工作流实现办公流程再造

在以往的办公中，公文的传递是靠办事员拿着纸质文件去找各个领导审批签字的。而如果将此行为转换到系统工作流管理平台中，公文则是通过流转来实现的，因此就需要重新定义办公流程。

系统通过图形定义来取代开发人员的编码工作，以便于技术人员及时掌握和使用，实现流程自定义。采用可视化工作流程定义工具进行工作流定义、管理，可按业务需求的不同对工作流进行优化；工作流支持催办、提醒、撤回、委托等功能；可管理、跟踪、监控工作流运转情况，可收集每项工作流整个过程中的所有信息；同时针对需要更改的办公流程和业务流程，系统提供二次开发的数据接口。在流程监控过程中，可以依据流程图反映的现状，方便地实现流程环节的更改，所有操作将会在系统日志中留下痕迹。还可以实现公文各个环节的跳转、推送，实现领导出差或者相关处理人不在的特殊处理。

工作流引擎集成各业务功能构成业务流程如图 4.2-36 所示，HydroBIM-EPC 项目工作流管理系统模型如图 4.2-37 所示。

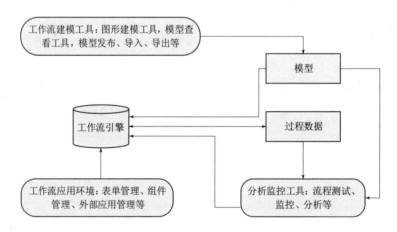

图 4.2-36　工作流引擎集成各业务功能构成业务流程图

3. 实现方案

要保证一个业务流程在系统上顺利运行，必须依赖工作流引擎。工作流引擎为工作流实例提供执行环境，它是工作流管理系统的核心服务，其主要负责工作流过程的流转和运行，以及流程和活动的调度，主要由解析器、控制中心、工作流元模型、过程实例池、工作流执行机、流程管理与监控、数据存储器等逻辑模块以及各种数据库组成一个有机的整体。选择 ProcessMaker 作为 HydroBIM-EPC 项目管理平台的工作流引擎，利用 Web Service 技术，实现系统中工作流程的定制与监控。

ProcessMaker 的特征和优点如下：

（1）ProcessMaker 是商业开源工作流和业务流程管理的软件，可用于各种规模的组织设计、业务流程的自动化和部署。

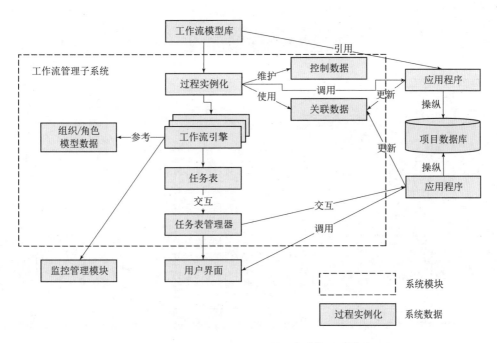

图 4.2-37 HydroBIM-EPC 项目工作流管理系统模型图

（2）系统管理员不必花费大量的时间编程，这要感谢它直观的指向和点击界面。

（3）文档建立于所见即所得的页面编辑器，方便用户直接编写内容。

（4）ProcessMaker 是完全基于 Web 的，也可通过任何 Web 浏览器访问。

（5）ProcessMaker 可以配置连接到外部数据库，允许一个组织整合 ProcessMaker 与其他 DBMS 或企业应用程序，这也是选择 ProcessMaker 作为工作流管理系统的重要原因。

（6）ProcessMaker 可以同时管理大量的工作区。每个工作区有三个 MySQL 数据库用于存储关于流程、用户权限和报告的内部信息。

4.3 平台功能模块设计

4.3.1 平台模块的划分

针对系统的功能需求分析，HydroBIM-EPC 项目管理平台设计多个功能模块，分别为综合管理模块、项目策划与合同管理模块、资源管理模块、设计管理模块、招标采购管理模块、进度管理模块、质量管理模块、费用控制管理模块、安全生产与职业健康管理模块、环境管理模块、财务管理模块、风险管理模块、试运行管理模块、HydroBIM 管理模块和系统管理模块，如图 4.3-1 所示。

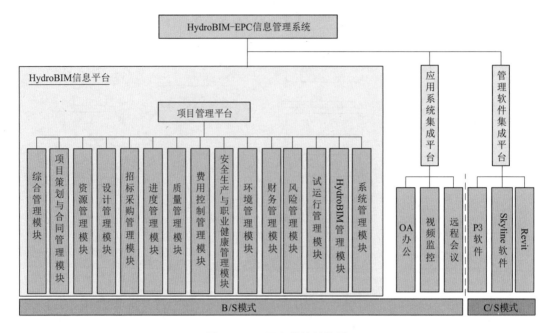

图 4.3－1 平台模块结构图

4.3.2 综合管理模块

综合管理模块主要设置消息中心、个人中心和公文管理的功能，其功能结构如图 4.3－2 所示。

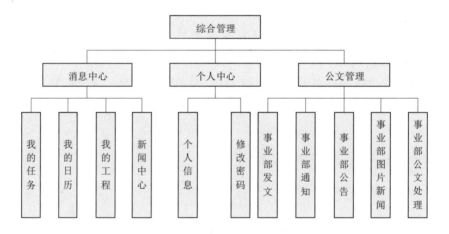

图 4.3－2 综合管理模块功能结构图

（1）消息中心。主要实现个人待办任务的处理、个人工作日历的使用、查看个人所参与工程的总体概况，以及查看新闻中心相关信息的功能。

（2）个人中心。主要实现个人信息的维护及登录密码的变更。

（3）公文管理。主要实现工程总承包事业部内部发文、通知、公告、图片新闻的审批发布等功能，以及公文处理的功能。它是建立在计算机网络基础上的现代化办公方式，是新技术革命中一个非常活跃和具有很强生命力的技术应用领域，是信息化社会的产物。其内部通知发布界面示例如图4.3-3所示。

图 4.3-3　内部通知发布界面示例

4.3.3　项目策划与合同管理模块

项目策划与合同管理模块主要由总承包项目管理、项目策划管理、总承包合同管理、分包合同管理以及信息资料管理组成。总承包项目管理主要功能是维护项目的基本信息；项目策划管理可以实现项目建设管理部的组建流程以及项目策划书的编制流程。总承包项目的高风险性要求总承包商必须在项目前期进行深入、客观、详细的论证，明确项目目标、范围，分析项目的风险以及采取的应对措施，确定项目管理的各项原则要求、措施和进程，否则一旦决策失误，无论实施阶段如何弥补，都无法有效地纠偏。优秀的建设管理部和科学合理的项目策划书是项目成功的保证，对项目的实施和管理起着决定性的作用；总承包合同管理和分包合同管理功能类似，主要是维护合同的基本信息以及管理规范合同的变更、索赔，实现合同的全过程管理；信息资料管理主要是集中管理各个项目实施过程中的信息，比如工程量、完成产值、工程月报、安全月报等，使相关的人员能够方便及时地了解各个项目的基本情况。该模块功能结构图如图4.3-4所示。

1. 总承包项目管理

录入并维护项目的基本信息，包括项目编号、项目名称、项目级别、合同类型等。总承包项目管理是项目进入系统的入口，项目编号与名称是项目在系统中的唯一标识，其主界面示例如图4.3-5所示。

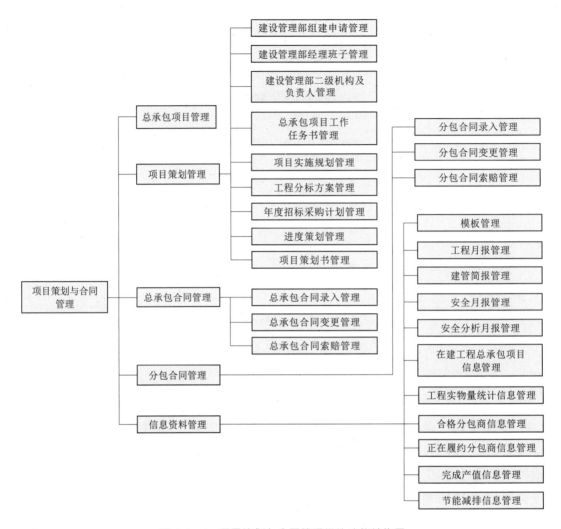

图 4.3-4 项目策划与合同管理模块功能结构图

2. 项目策划管理

（1）建设管理部组建申请管理。建设管理部是总承包商履行总承包合同的代表，在项目确定之后，首先需要申请组建该项目的建设管理部，然后在系统中填写建设管理部的基本信息以及申请依据之后即可提交审批。

（2）建设管理部经理班子管理。建设管理部组建申请通过之后便可以进行经理班子的任命。经理班子包括项目经理（副经理）、总工程师、安全总监，建设管理部由项目经理领导从系统的人员库中为经理班子的各个职位选择相应的人员之后提交审批即可。

（3）建设管理部二级机构及其负责人管理。建设管理部经理班子任命通过之后便可以设立二级机构并选择机构的负责人（主任、副主任）。建设管理部的二级机构及负责人需要项目经理根据工程总承包合同要求，并结合工程建设

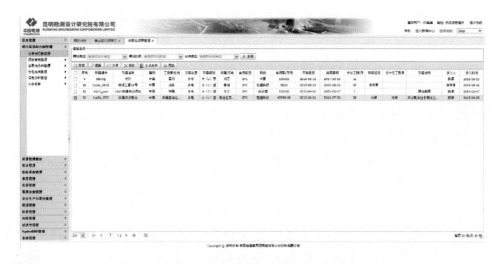

图 4.3-5 总承包项目管理主界面示例

的性质、规模、技术复杂程度、工程总承包服务内容、服务期限等提出机构列表和人员名单。利用系统可以先选择需要的机构，然后从人员库中为各个机构的负责人选择相应的人员，最后提交审批即可。

（4）总承包项目工作任务书管理。工作任务书就是建设管理部在进行项目管理时需要完成的目标，包括工程建设任务、质量控制目标、工期控制目标、合同控制目标、管理成本控制目标等。在系统中填写上述内容，审批通过之后即可下达至项目管理部执行，其示例如图 4.3-6 所示。

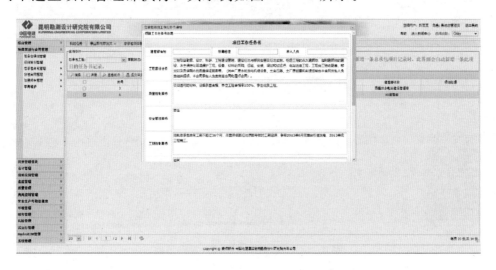

图 4.3-6 总承包项目工作任务书管理示例

（5）项目实施规划管理。项目建设管理部根据工作任务书的要求，结合项目类型、规模特点，编制包含技术、质量、合同及资源投入的项目实施规划，编制完成的项目实施规划需要并入项目策划书提交审批。

（6）工程分标方案管理。水利工程项目一般规模较大，而且涉及多个专业，如土建、金属结构、电气等，所以总承包商需要与专业化程度高、技术管理水平突出、市场品牌和信誉良好的分包商合作，以补充自身资源的不足。这就要求总承包商在进行项目策划时根据项目的实际情况，结合自身特点将整个项目划分为多个标段，实施分标段管理。分标方案的主要信息包括标段类型、估算金额、招标方式等，编写完成后需要并入项目策划书提交审批。

（7）年度招标采购计划管理。根据工程分标方案编制年度招标采购计划，用于指导招标采购活动的进行，编制完成后需要并入项目策划书提交审批。

（8）进度策划管理。工程建设管理部根据项目工作任务书的总工期及节点工期要求，利用系统中嵌入的软件编制项目总进度计划。总进度计划可以从总体上对项目的进度进行把控，是制订年度进度计划、专项进度计划等的基础，编制完成后需要并入项目策划书提交审批。

（9）项目策划书管理。项目策划书是项目策划的输出文件，是实施项目管理的指导性文件。在系统中通过在线编辑编制项目策划书，编制完成后和项目实施规划、工程分标方案、年度招标采购计划以及进度策划一并提交审批。

3. 总承包合同管理

（1）总承包合同录入管理。录入并维护总承包合同的基本信息以及工程量信息，其示例如图4.3-7所示。

图4.3-7 总承包合同录入管理示例

（2）总承包合同变更管理。总承包商在项目管理的过程中，如果需要在材料、工艺、功能、构造、尺寸、技术指标、工程质量以及施工方法等方面做出优化和改变，可以提出变更申请。申请的内容主要是变更依据、变更内容及变更要求等，总承包商内部需要先对变更申请进行审批，内部通过后与业主协商沟通。

（3）总承包合同索赔管理。总承包商在履行合同的过程中，对于非自身过错、应由对方承担责任的事件造成的实际损失，可以提出有关经济补偿或工期顺延的索赔申请。申请的内容主要是索赔依据、索赔内容等，总承包商内部需要先对索赔申请进行审批，内部通过后与业主协商沟通。

4. 分包合同管理

（1）分包合同录入管理。录入并维护分包合同的基本信息以及工程量信息。录入的合同有两种：①进入系统之前已经签订完成的合同；②没有完成签订的合同，这类合同录入基本信息之后还需要利用系统的合同评审功能进行评审。分包合同录入管理示例如图 4.3－8 所示。

图 4.3－8　分包合同录入管理示例

（2）分包合同变更管理。分包人在合同实施过程中，如果有需要变更的情况，可以向总承包商提出变更申请，申请内容同总包合同变更申请。总承包商需要对变更申请进行审批，最后将意见下达至分包人。

（3）分包合同索赔管理。分包合同的索赔根据提出方的不同分为分包人提出的索赔和总承包商提出的索赔。二者都需要总承包商内部形成统一意见之后与分包人协商沟通。

5. 信息资料管理

（1）模板管理。在工程项目的实施过程中，需要编写工程月报、安全月报等，这些文件都有固定的格式。通过此功能可以集中管理这些模板，需要的人员可以下载使用模板。

（2）工程月报管理。在每个月规定的时间内，每个工程的管理人员首先要上传从模板管理中下载的工程月报模板，然后利用在线编辑进行月报的编辑。

（3）建管简报管理。功能同工程月报管理。

（4）安全月报管理。功能同工程月报管理。

（5）安全分析月报管理。功能同工程月报管理。

（6）在建工程总承包项目信息管理。在每季度规定的时间内，每个工程的管理人员需要填写项目的有关营业收入的相关信息，填写完成后系统会生成该季度所有项目的项目信息统计表。

（7）工程实物量统计信息管理。在每季度规定的时间内，每个工程的管理人员需要填写项目的有关工程量的相关信息，填写完成后系统会生成该季度所有项目的工程量统计表。

（8）合格分包商信息管理。在每季度规定的时间内，每个工程的管理人员需要填写项目的有关合格分包商的分包等级的相关信息，填写完成后系统会生成该季度所有项目的分包商分包等级统计表。

（9）正在履约分包商信息管理。在每季度规定的时间内，每个工程的管理人员需要填写项目正在履约分包商的分包等级和已支付金额信息，填写完成后系统会生成该季度所有正在履约分包商的统计表。

（10）完成产值信息管理。在每季度规定的时间内，每个工程的管理人员需要填写项目的完成产值信息，填写完成后系统会生成该季度所有项目的完成产值统计表。

（11）节能减排信息管理。在每季度规定的时间内，每个工程的管理人员需要填写项目的有关节能减排的信息，填写完成后系统会生成该季度所有项目的节能减排信息统计表。

4.3.4 资源管理模块

资源管理模块功能结构如图4.3-9所示。

（1）人力资源管理。主要实现建设管理部其他人力资源的自行聘用，工程总承包事业部外聘人员（劳务派遣人员）的新增、离职及工资发放管理。

（2）车辆配置管理。主要实现车辆的配置、验收、调拨、大修、维修记录、保养、加油充值、ETC充值、报废、事故处理、明细等功能。各菜单的基础功能设计基本相似，分别包含新增记录、编辑记录、删除记录、提交审批、跟踪流程、删除流程、生成审批表单、页面帮助等功能。功能按钮的设计符合模块基本功能需求，也简单易懂，方便用户使用。除此之外，各功能菜单之间数据传递的逻辑关系如图4.3-10所示。

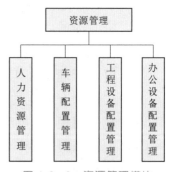

图4.3-9 资源管理模块
功能结构图

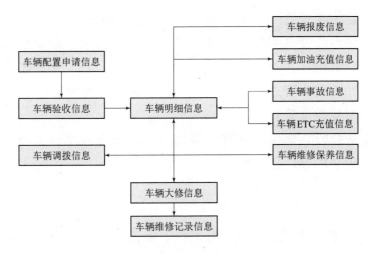

图 4.3－10　车辆配置管理模块数据传递的逻辑关系图

（3）工程设备配置管理。主要实现工程设备的采购配置、验收、调拨、大修、维修记录、报废、事故处理、明细等功能。各功能菜单之间数据传递的逻辑关系如图 4.3－11 所示。工程设备购置申请管理页面示例如图 4.3－12 所示。

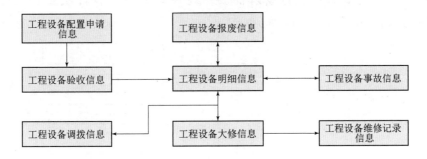

图 4.3－11　工程设备配置管理数据传递逻辑关系图

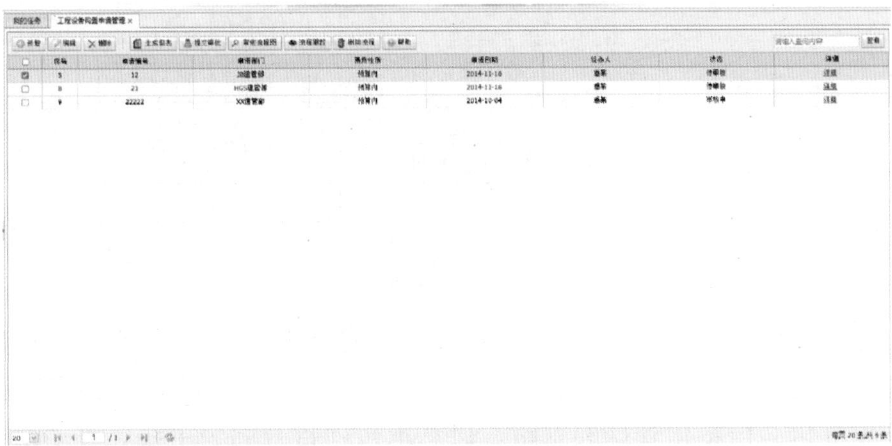

图 4.3－12　工程设备购置申请管理页面示例

（4）办公设备配置管理。工程建设管理部根据项目执行预算和年度预算，提出建设管理部办公设备配置数量及时间需求计划申请，报总承包事业部，由综合管理部进行审核（并与资产管理部协调），经事业部领导审批后，报主管院领导批准，并转资产管理部审核、主管财务院领导批复后，由资产管理部进行采购提供给工程建设管理部。

办公设备的验收、调拨、维修、报废、事故处理程序与工程设备相同，功能结构和数据传递的设计也相同。

4.3.5　设计管理模块

在 EPC 项目管理模式下，设计对采购、施工等环节产生重要影响，是整个项目管理的基础，设计管理的质量直接影响到整个工程项目的质量与实施进程。

EPC 模式下设计单位的优势在于对整个项目的系统性认识更加全面，能够正确地掌握项目的关键部分与重点环节，在掌握了设备参数以及操作技术的条件下，可充分地利用自身的技术特长与专业优势，对整个项目进行优化设计。

从内容上进行划分，设计管理需要考虑设计经费、设计质量、设计进度三个方面的因素，如图 4.3 – 13 所示。

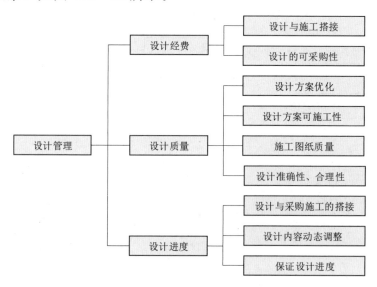

图 4.3 – 13　EPC 项目设计管理内容

为充分发挥出 EPC 模式下设计管理的优势及其贯穿项目始终的作用，设计管理模块的开发研究思路是：针对 EPC 项目设计管理的具体特点，采用流程化、规范化、档案化管理的思路，以总承包项目合同为主线，自动衔接项目设计经费、设计质量、设计进度三方面要素，把设计管理中涉及的文字、图像、档案、图纸等信息进行数字化处理，实现信息快速存储、加工、检索和交换。该模块功能结构如图 4.3-14 所示。

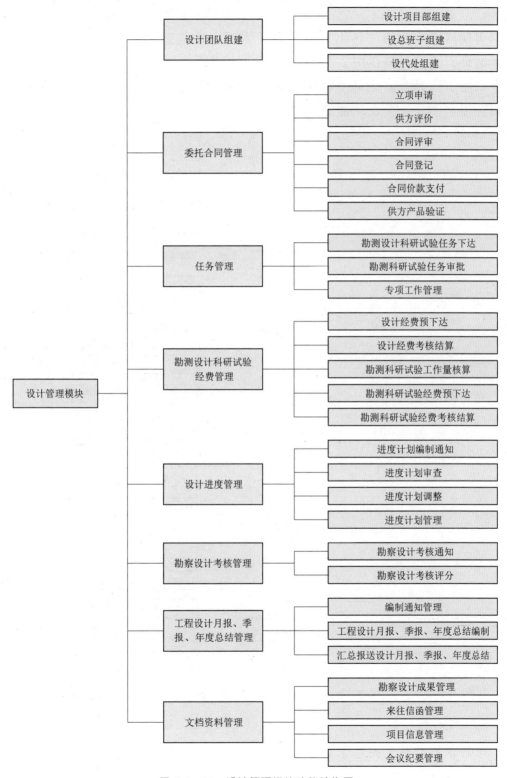

图 4.3-14 设计管理模块功能结构图

4.3.6 招标采购管理模块

实现招标采购的信息化分类管理，体现原始信息、招标方式、招标过程、招标结果、统供材料供应、分包商以及供应商评价信息，既避免数据信息过分集中，便于随时查询，又能够集中调用数据，实现数据资源共享，提高工作效率和管理水平。该模块功能结构如图 4.3 - 15 所示。

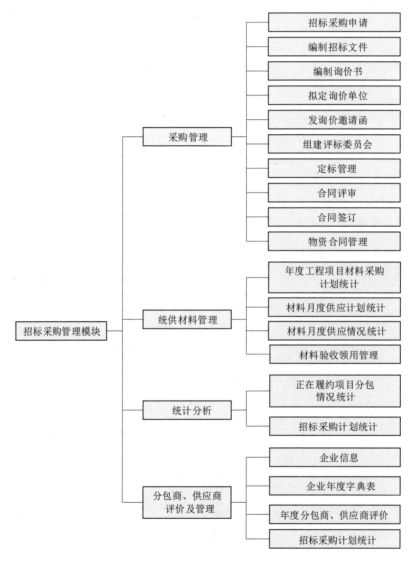

图 4.3 - 15 招标采购管理模块功能结构图

1. 采购管理

采购管理是整个招标采购管理模块的核心部分，它包含了招投标业务流程中的大部分内容，是保证招投标工作顺利进行的关键所在。

2. 统供材料管理

对工程建设过程中按施工合同约定由总包商统一供应的主要材料在采购、供应、使用和储备等环节进行有计划、有组织的管理和控制。统供材料管理的目的是通过对材料进行有效的管理，以降低工程投资，确保工程建设顺利进行，保证工程建设质量，降低材料损耗，提高工程建设管理水平。年度工程项目采购计划统计示例如图 4.3 - 16 所示。

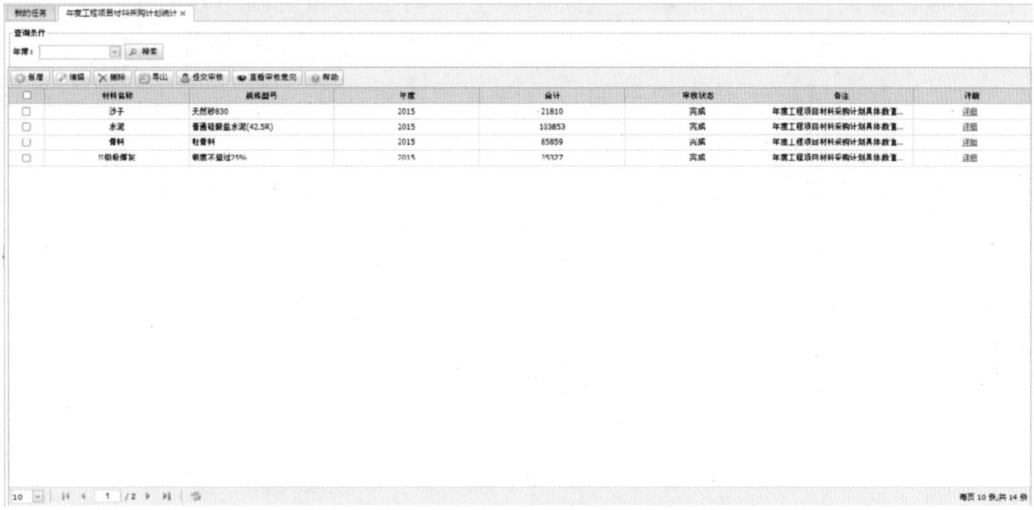

图 4.3 - 16　年度工程项目采购计划统计示例

3. 统计分析

本模块有助于企业领导层方便地获取所需要的信息。利用报表的形式，给出诸如正在履约项目分包（外委、外协）信息、招标采购计划信息等的统计数据。利用这一功能，领导层可方便地获知招标采购管理过程中的整体业务信息。

4. 分包商、供应商评价及管理

伙伴关系已经成为供应链企业之间合作的典范，对企业供应商实现有效的管理可以保证公司物资供应的质量、价格和交货期，为公司长期稳定发展打下坚实的基础。因此，要充分体现供应链的管理思想，对供应商的管理就应集中在如何和供应商建立双赢的伙伴关系以及维护和保持这种关系上。主要对供应商以及货物基本信息进行维护和管理，并对供应商进行评价，区分优秀、合格、不合格名单，为下一年度的分包商、供应商选择奠定基础。

4.3.7　进度管理模块

进度管理的好坏将直接影响项目能否实现合同要求的进度目标，也将直接影响到项目的效益。进度管理的目的是要按照总承包合同规定的进度和质量要求完成工程建设任务，同时把项目费用控制在预算范围内，获得合理的利润。进度管理的职责包括以下方面：

（1）制订进度计划。在签署总承包合同后的第一件事情就是要根据合同要求的进度目标，编制项目的进度计划。

（2）组织进度计划的实施。将编制的进度计划上报业主审批后进行项目内正式发布，使项目人员知道自己做什么、何时做完、在执行过程中及时检查和发现影响进度的问题，并采取适当措施，必要时修订和更新进度计划。

对项目的进度、质量和费用进行统一协调和管理进度控制的目标与费用控制、质量控制的目标是对立统一的，进度管理要解决好三者的矛盾，既要进度快，又要节省费用、质量好。

根据进度管理模块的功能要求，进度管理模块功能结构如图 4.3 - 17 所示。进度计划管理示例如图 4.3 - 18 所示。

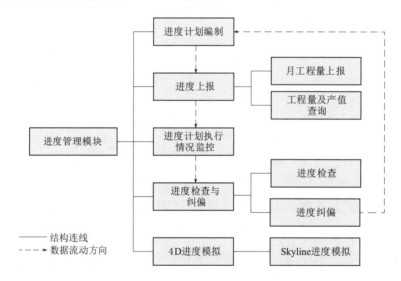

图 4.3 - 17　进度管理模块功能结构图

4.3.8　质量管理模块

质量管理模块主要有以下功能：

（1）质量相关文件的管理。如质量计划、监理文件、分包商文件、技术方案等，在系统中记录这些文件的基本信息，审批通过后作为项目实施过程中质量管理的依据。

（2）工程重要部位的管理。重要部位是质量管理的重要环节，是整个工程质量的基础。通过系统记录每一次专项检测和联合试验的信息，方便相关工程人员及时掌握情况，以便对这些重要部位进行质量控制。

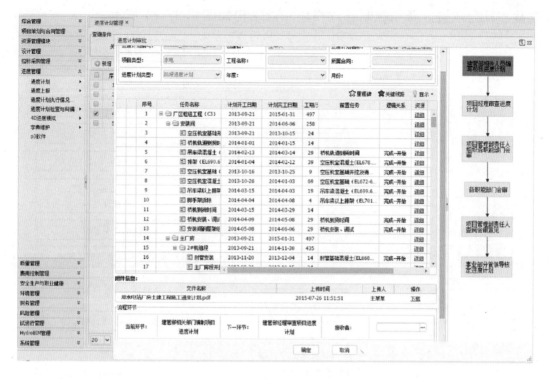

图 4.3-18 进度计划管理示例

（3）设计技术交底管理。通过对设计交底信息的管理，设计人员的思想才能够更好地被理解，进而才能反映到实际工程中，达到设计的目的。

（4）质量总结管理。包括年度和季度两方面，这样相关人员才能更好地了解工程的质量情况。其中的季度统计主要是对验收信息和质量事故的次数和经济损失的记录管理。

（5）质量检查与验收管理。项目在实施过程中会组织人员按照相关的质量文件组织检查，将检查过程中出现的质量隐患和事故集中记录管理，主要是存在问题、整改内容、整改要求等，逐条整改、消除，最后组织验收，记录验收的信息，确定每一个问题都得到妥善解决。

质量管理模块功能结构如图 4.3-19 所示。质量验收管理主界面示例如图4.3-20 所示。

4.3.9 费用控制管理模块

工程总承包项目费用控制管理是项目管理的重要内容之一。EPC 总承包商在签订总承包合同之后，应根据总承包项目的具体情况，在工程设计、采购、施工、试运行等各阶段进行费用管理，把项目费用控制在合同价格之内，保证项目费用管理目标的实现，做到合理使用人、财、物，以取得较好的经济效益和社会效益。费用控制管理模块功能结构如图 4.3 - 21 所示。

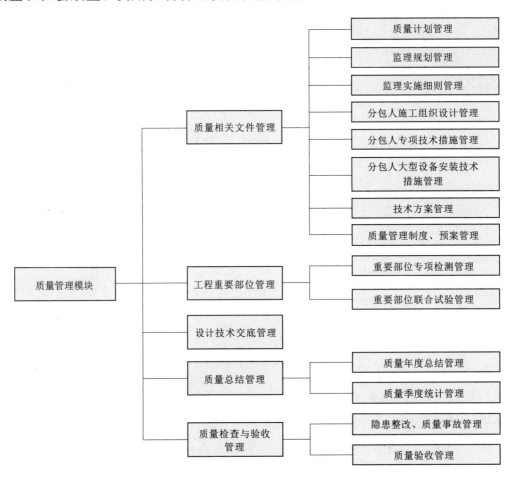

图 4.3 - 19 质量管理模块功能结构图

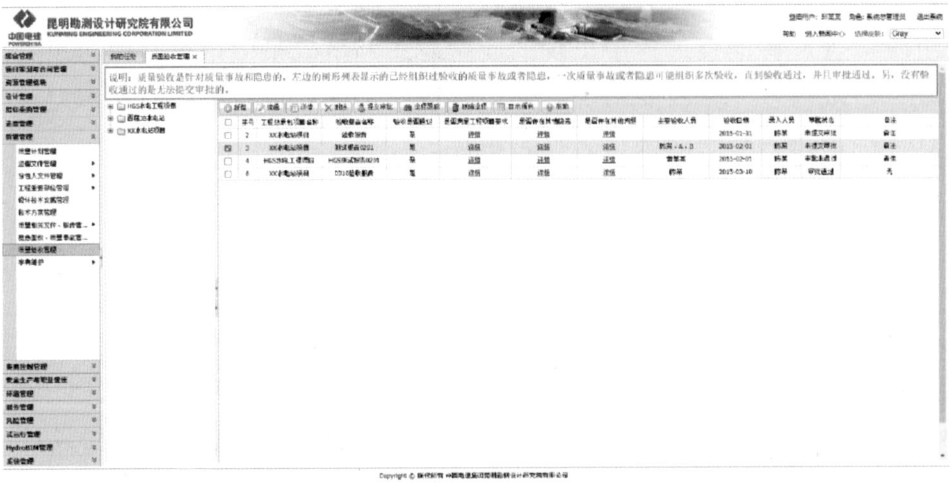

图 4.3 - 20 质量验收管理主界面示例

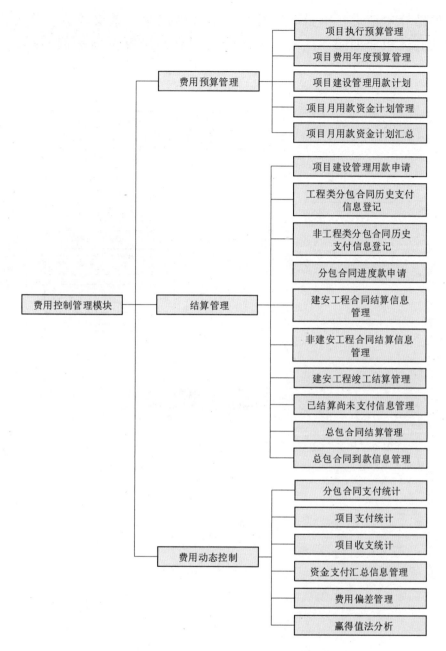

图 4.3-21 费用控制管理模块功能结构图

1. 费用预算管理

费用预算就是将费用估算分配到各分项工作中，是为了确定测量项目实际绩效的基准计划而把整个费用估算分配到各个工作单元。

2. 结算管理

工程结算分为中间结算与竣工结算。总承包工程的结算类型有两种：①向上结算，即总包方向业主申请工程款结算；②对下结算，即总包方对分包单位的结算申请进行审批。工程结算是费用控制的重要环节。总包合同结算款项的具体组成如图 4.3-22 所示。总包合同结算页面示例如图 4.3-23所示。

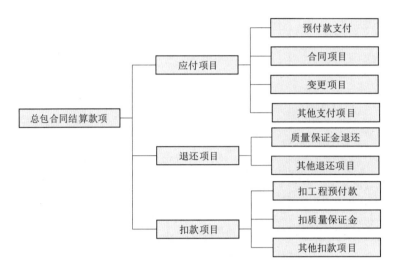

图 4.3-22　总包合同结算款项组成

图 4.3-23　总包合同结算页面示例

3. 费用动态控制

对总包项目的资金计划以及实际收支信息进行查询统计，从而反映出项目具体的费用偏差信息。利用广泛使用的赢得值管理技术进行费用、进度综合控制，实现质量、进度和费用控制的高度协调，并利用费用偏差分析技术，将各种可能导致偏差的原因列举分类，并综合分析，以便采取相应的纠偏措施。项目支付统计示例如图 4.3-24 所示。

图 4.3-24　项目支付统计示例

4.3.10　安全生产与职业健康管理模块

　　EPC 工程总承包项目的安全生产与职业健康管理，既不能代替施工单位的管理，也不能放任施工单位的管理，同时又要对工程项目承担管理责任。建筑企业发展趋于多样化，特别是在工程总承包项目数量较多的情况下，安全生产与职业健康管理会显得异常复杂，因此，需要把安全生产和职业健康管理工作纳入规章制度，建立起健全的自我约束和自我改进机制，最终从宏观上达到消除安全隐患，降低和避免各类与职业相关的伤害、疾病、死亡事故发生的目的，保障工程项目顺利地进行。该模块的功能结构如图 4.3-25 所示，其中职业健康安全管理文件（报告）管理页面示例如图 4.3-26 所示。

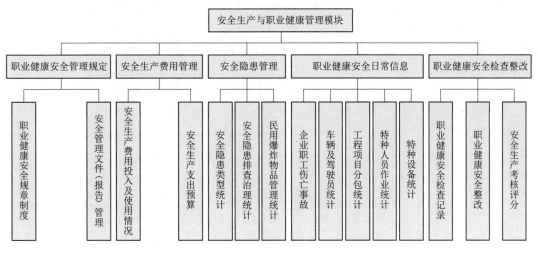

图 4.3-25　安全生产与职业健康管理模块功能结构图

127

图 4.3 - 26　职业健康安全管理文件（报告）管理页面示例

4.3.11　环境管理模块

EPC 项目环境管理需要建立环境管理体系作为制度保障，通过管理评审，评价各阶段环境管理的成效性，检查建设项目的实施过程中的施工与管理行为、各分承包商的表现是否能够达到环境管理的要求，并持续收集、统计、分析有关环境管理目标的信息和数据，评价与改进体系，实现建设项目环境管理持续改进。

根据以上内容，环境管理模块功能结构如图 4.3 - 27 所示，其中环境保护计划管理页面示例如图 4.3 - 28 所示。

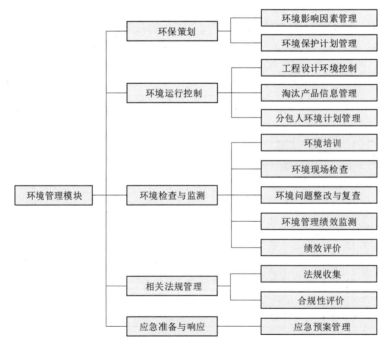

图 4.3 - 27　环境管理模块功能结构图

4.3.12 财务管理模块

财务管理模块主要是实现对工程建造合同具体实施信息的管理。建造合同在准则中的定义是指为建造一项或数项在设计、技术、功能、最终用途等方面密切相关的资产而签订的合同。一般来说，工商企业的存货等短期资产的销售收入是在卖方将该资产所有权上的重大风险和报酬转让给买方，收入的金额能够被可靠地计量，相关经济利益很可能流入企业，相关的已发生或将发生的成本能够在可靠地计量

图 4.3-28 环境保护计划管理页面示例

时予以确认。这类销售通常是在企业持有存货后相对较短的时间内发生。相比较而言，建造工程具有特殊性，其特点是投资大、建造时间长，会计核算一般需要跨期；建造合同中的在建工程需要较长时间才能完工，建造期可能跨越不同的会计年度，而且与工商企业的存货等短期资产相比，建造合同中在建工程的金额一般比较大，因此有必要采取系统、合理的方法确认建造合同的收入和费用。财务管理模块功能结构如图 4.3-29 所示，其中建造合同预计总成本页面示例如图 4.3-30 所示。

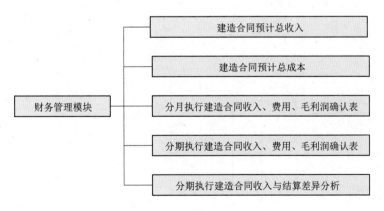

图 4.3-29 财务管理模块功能结构图

4.3.13 风险管理模块

在工程总承包项目实施过程中会面临着各种各样的风险。为了避免和减少

图 4.3‐30 建造合同预计总成本页面示例

风险因素对工程造成的各种影响，在项目实施整个过程中必须进行风险管理。风险管理是指在建设过程中对可能出现的影响工程顺利实施的各种影响因素进行识别、评价和衡量、预防、控制的过程。

EPC 项目的风险管理是工程项目管理的重要组成部分，是总承包商通过风险识别、风险分析和评价，使用多种管理方法、技术和手段对项目涉及的风险实行有效的控制，以最小的成本实现项目的总体目标。EPC 工程全生命周期阶段的风险管理是风险识别、风险分析与评价、风险应对和控制等管理内容紧密联系并不断反馈的过程。其综合管理框架如图 4.3‐31 所示。

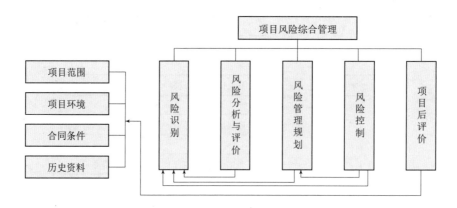

图 4.3‐31 风险综合管理框架

风险管理模块功能结构如图 4.3‐32 所示，其中风险源清单管理页面示例如图 4.3‐33 所示，项目风险综合评价页面示例如图 4.3‐34 所示。

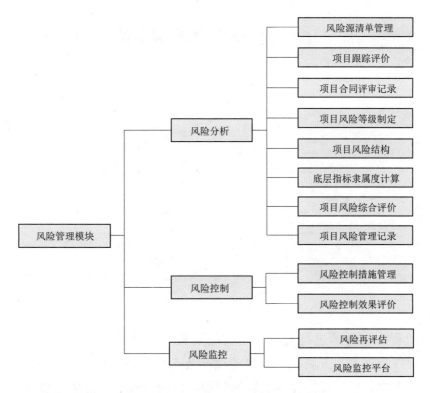

图 4.3－32 风险管理模块功能结构图

图 4.3－33 风险源清单管理页面示例

4.3.14 试运行管理模块

试运行的主要工作是按照合同及试运行目标要求，结合设计、采购及施工阶段的具体情况，编制试运行计划及方案，对试运行的组织和人员、进度、培

图 4.3-34　项目风险综合评价记录页面示例

训及实施过程和服务等进行安排。在实施过程中，重点检查试运行前施工安装、
调试、验收以及技术、人员、物资等各项准备工作，确保试运行工作的顺利进行。
在试运行工作中，及时反馈存在的各种问题，以便采取必要的措施加以解决。

结合水利水电工程的行业特点，设计试运行管理模块功能结构如图
4.3-35 所示，其中培训计划管理页面示例如图 4.3-36 所示，试运行工作报
告管理页面示例如图 4.3-37 所示。

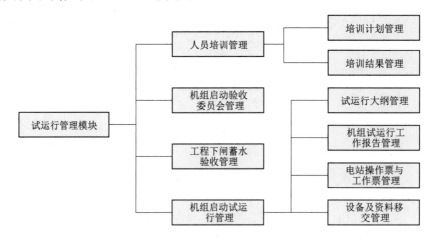

图 4.3-35　试运行管理模块功能结构图

4.3.15　HydroBIM 管理模块

HydroBIM 管理模块分为四个子模块，分别为 HydroBIM 策划子模块、
HydroBIM 交付子模块、HydroBIM 协同子模块和 HydroBIM 展示子模块，如

图 4.3 - 36　培训计划管理页面示例

图 4.3 - 37　试运行工作报告管理页面示例

图 4.3 - 38 所示。

1. HydroBIM 策划

HydroBIM 策划主要实现项目 BIM 的前期策划，包含人员策划、建模策划、分析策划三大功能。其中 BIM 专业团队人员页面示例如图 4.3 - 39 所示。

2. HydroBIM 交付

HydroBIM 交付主要实现 BIM 交付成果的管理，针对工程的 BIM，成果主要包含模型成果、图纸成果及分析成果。枢纽 BIM 交付成果详细页面示例如图 4.3 - 40 所示。

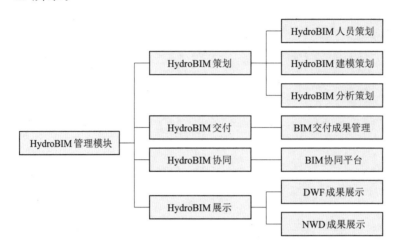

图 4.3 - 38　HydroBIM 管理模块功能结构图

图 4.3 - 39　BIM 专业团队人员页面示例

3. HydroBIM 协同

HydroBIM 协同主要实现不同参与方之间的信息共享与协作交流。

BIM 协同平台是一种 BIM 集成管理系统，维护与管理建筑数据资源库，提供基本的模型处理能力，主要为专业应用程序提供数据接口。结合水利水电工程设计的特点，并参考现有 BIM 协同平台的功能特点，对 BIM 协同平台的功能需求主要表现在数据存储功能、数据管理功能、数据共享与交换、数据安全功能、界面设计与帮助支持等，如图 4.3 - 41 所示。

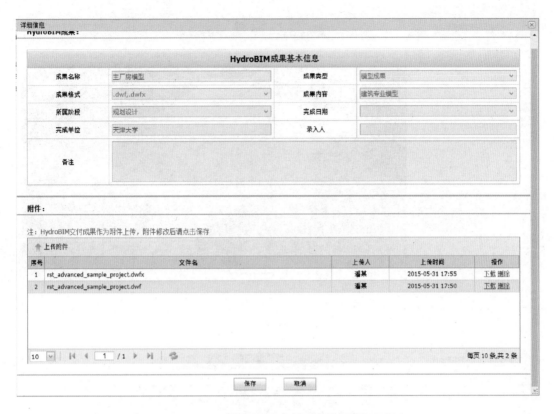

图 4.3 - 40　枢纽 BIM 交付成果详细页面示例

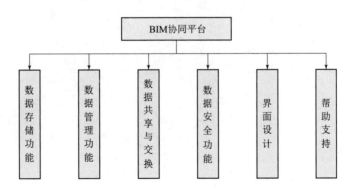

图 4.3 - 41　BIM 协同平台功能需求图

4. HydroBIM 展示

HydroBIM 展示主要实现对不同格式 BIM 模型交付物的三维交互展示。其中 DWF 成果展示示例如图 4.3 - 42 所示，Navisworks 成果展示示例如图 4.3 - 43 所示。

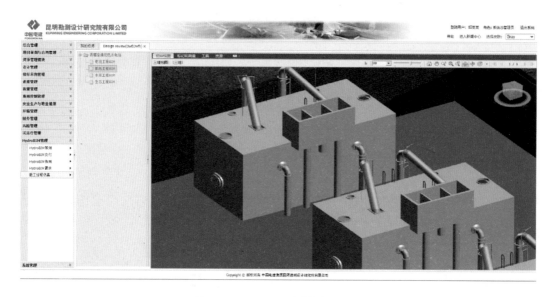

图 4.3 - 42 DWF 成果展示示例

图 4.3 - 43 Navisworks 成果展示示例

4.3.16 系统管理模块

系统管理模块包含的是对系统功能和参数进行设置的功能集合。它的作用就是在系统运行前做好设置，做好系统运行前的准备，是其他功能模块运行的基础。其功能结构如图 4.3 - 44 所示，图 4.3 - 45 为用户管理界面示例。

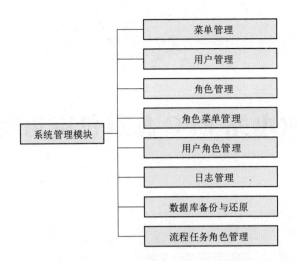

图 4.3 - 44 系统管理模块功能结构图

图 4.3 - 45 用户管理界面示例

第 5 章

JB 水电站 EPC 总承包应用实践

5.1 HydroBIM 应用概况

5.1.1 工程概况

JB 水电站位于澜沧江右岸一级支流登曲中下游河段，坝址距昌都市约 360km。水电站采用混合式开发，正常蓄水位 3228m，装机容量 30MW，年均发电量 1.47 亿 kW·h，工程任务为发电，近期向芒康县当地无电或缺电地区供电，同时为澜沧江干流如美水电站提供施工用电，远期通过芒康县电网接入昌都电网。工程属Ⅳ等小（1）型工程。

首部枢纽建筑物由挡水建筑物、泄水消能建筑物和变压式沉沙池组成。挡水建筑物为混凝土闸坝，坝顶总长 67m，坝顶高程 3230m，最大坝高 20m。泄水消能建筑物包括 1 孔泄洪冲沙底孔、1 孔溢流深孔、1 孔溢流表孔、下游消力池。变压式沉沙池包括取水口、渐变段、工作段、尾部溢流堰和冲沙孔，分两厢设计，工作段长 199m，图 5.1-1 为 JB 水电站首部枢纽示意图。

引水建筑物主要由引水隧洞、调压井、浅埋式压力钢管组成。机组采用一管三机供水。有压引水隧洞总长 4191.8m，城门洞形断面尺寸为 3.0m×3.5m（宽×高）。阻抗式调压井位于引水线路末端。压力钢管以浅埋方式敷设在山脊上，管径 1.3m，壁厚 10～28mm，钢管外包泡沫混凝土，最大设计水头 672.1m，总长 1385.8m，沿线共设 14 个镇墩。

发电建筑物主要由上游副厂房、主厂房、下游副厂房、尾水渠等组成，厂房内安装 3 台额定功率 10MW 的冲击式水轮发电机组，单机引用流量 2.15m³/s，机组转速达 750r/min。主厂房尺寸约为 45.9m×33.3m×29.8m（长×宽×高），图 5.1-2 为 JB 水电站厂区建筑物示意图。

工程业主为华能澜沧江上游水电有限公司，工程采用 EPC 总承包的建设形式，总承包单位为中国电建集团昆明勘测设计研究院有限公司联合中国水利

图 5.1-1 JB 水电站首部枢纽示意图

图 5.1-2 JB 水电站厂区建筑物示意图

水电第十四工程局有限公司。

5.1.2 工程的特点与难点

JB 水电站工程具有技术上的挑战性、功能上的综合性、管理上的复杂性、时间上的紧迫性等特点。工程的建造过程是一个庞大而复杂的系统工程。该工程总承包模式下的信息管理具有以下特点与难点：

（1）整体经济性高。JB 水电站在采用 EPC 总承包模式的情况下，从一开始就将设计、施工和采购结合在一起，这样就可以充分发挥设计和施工的优势，整合项目资源，实现各阶段无缝连接，便于进度控制和投资控制，实施最优化的综合管理，因此，其整体经济性较高；工程建设的基本出发点在于促成设计和施工的早期结合，从整体上提高项目的经济性。

（2）工程管理风险性大。JB 水电站项目的总承包模式要比传统的设计或施工等单项承包复杂得多，风险也大得多，因为它必须承担设计、采购、施工安装和试运行服务全过程的风险，所以工程项目风险控制的难度必然更大。总承包的管理模式在给承包商的主动经营带来机遇的同时也使其面临更严峻的挑战，承包商需要承担更广泛的风险责任，如出现不良或未预计到的场地条件以及设计缺陷等风险。除了承担施工风险外，还承担工程设计及采购等更多的风险，特别是在决策阶段，在初步设计不完善的条件下，就要以总包价签订总承包合同，存在工程量不清、价格不定的风险。

（3）工期紧。该工程的有效工期为 52 个月，相对于工程庞大的体量和复杂的结构而言工期异常紧张，需要进行严格的进度管理。需要计划和控制每月、每周甚至每天的施工操作，动态地分配所需要的各种资源和工作空间。现有的计划管理软件不适于建立这种计划，抽象的图表也难以清晰地表达其动态的变化过程，施工管理人员只能根据经验制订计划，计划的正确与否只能在实践中被检验。需要开发应用 BIM 的项目管理系统，以使管理者、施工参与者、领导都可以通过观察 3D 模型，以非常直接的方式查看到与进度相关联的施工进展情况。

（4）协调管理与控制难度大。工程现场除建设、设计、监理单位外，还包括众多的国内外分包及材料供应商，参建各方的沟通、协调和管理的效率直接影响工程建设，需要采用信息技术建设和应用多参与方之间的信息沟通平台、协同工作平台。

（5）施工资源繁多。需要一个先进的施工资源管理工具，以实现与施工进度计划相对应的动态的资源管理、方便资源查询和可视化的资源状态显示。对应于不同的施工方案，将施工进度、3D 模型、资源需求有机地结合在一起，通过优化施工方案和进度安排以降低工程成本。

5.1.3　HydroBIM 应用实施方案

结合 JB 水电站工程的项目特点和工程总承包管理的需求，建立起集 HydroBIM 几何模型、HydroBIM – EPC 信息管理系统两部分内容的 Hydro-BIM 集成应用方案。

1. HydroBIM 几何模型的建立

根据 JB 水电站工程的实际需求，使用 Autodesk Revit 系列软件创建工程的 BIM 模型。建模工作分成三个阶段：第一阶段为首部枢纽部分，第二阶段为引水发电建筑物部分，第三阶段为工程整体模型的碰撞检查。BIM 建模工作范围具体如下：

（1）首部枢纽。包括挡水建筑物、泄水消能建筑物和沉沙池。

（2）引水发电建筑物。引水建筑物主要由电站进水塔、引水隧洞、调压室、明钢管和镇（支）墩组成。发电建筑物主要包括上游副厂房、主厂房、下游副厂房、安装场及尾水渠等。厂房包含建筑专业和结构专业的施工图设计中的主体混凝土结构，钢结构、幕墙、门窗等，不包含装饰装修、建筑设计相关家具、洁具、照明用具等。机电安装包含综合布线、暖通、给水排水、消防的主要管线、阀门等，不含末端细小管线、机电设备详细模型。

（3）模型属性录入。根据提供的资料录入 BIM 构件的基本信息，如编号、尺寸、材料等。除此之外的构件细节信息、装修信息、屋内设施等信息录入不包含在工作范围中。

2. HydroBIM－EPC 信息管理系统

HydroBIM－EPC 信息管理系统采用 C/S 和 B/S 混合模式。该模式集合了 C/S 和 B/S 的优点，既有 C/S 高度的交互性和安全性，又有 B/S 客户端与平台的无关性；既能实现信息的共享和交互，又能实现对数据严密有效的管理。对于数据流量大、交互多、实时性要求高的功能，BIM 几何模型集成工程建设实施信息，采用 C/S 模式。C/S 客户端通过局域网向数据库服务器发出 SQL 请求，完成数据库的输入、查询、修改等操作；对于数据流量小、交互性不强的、执行速度要求不高的功能采取 B/S 模式，完成对网页的查询、信息发布等操作。

系统整体设计遵循以成本控制为核心、以进度为主线、以合同为纽带、以质量和安全为目标、基于全生命周期的项目管理模式，主要完成"四控四管一协调"的工作，即过程四项控制（成本控制、进度控制、质量控制、安全控制）和四项管理（项目策划与合同管理、资源管理、设计管理、招标采购管理）以及项目组织协调的工作。系统模块从整体上划分为综合管理、项目策划与合同管理、资源管理模块、设计管理、招标采购管理、进度管理、质量管理、费用控制管理、安全生产与职业健康管理、环境管理、财务管理、风险管理、试运行管理、HydroBIM 管理、系统管理等多个功能模块。

5.2 HydroBIM 模型创建及信息升值

基于 HydroBIM 应用的 EPC 模式在工程项目整个生命周期内实现了信息交流的有效性和信息价值的显著提高，HydroBIM 的信息载体——多维参数模型（nD Parametric Model），保证了信息的一致性以及不断升值的趋势。首先用简单的等式来体现 HydroBIM 参数模型的维度。

$$3D = Length + Width + Height$$
$$4D = 3D + Time$$
$$5D = 4D + Cost$$
$$6D = 5D + \cdots$$
$$nD = BIM$$

HydroBIM 的 3D 模型为交流和修改提供了便利。以设计工程师为例，其可以运用 HydroBIM 平台直接设计，无须将 3D 模型翻译成 2D 平面图以与业主进行沟通交流，业主也无须费时费力去理解烦琐的 2D 图纸。

HydroBIM 参数模型的多维特性（nD）将项目的经济性及可持续性提高到一个新的层次。例如，运用 4D 模型可以研究项目的可施工性、项目进度安排、项目进度优化、精益化施工等方面，给项目带来经济性与时效性；5D 造价控制手段使预算在整个项目生命周期内实现实时性与可操控性；6D 及 nD 应用将更大化地满足项目对于业主对于社会的需求，如舒适度模拟及分析、耗能模拟以及可持续化分析等方面。

考虑到 JB 水电站工程的建设模式以及 HydroBIM - EPC 信息管理系统的需求分析，其模型的创建以及模型信息的不断升值过程主要集中在规划设计和工程建设两大阶段。

5.2.1　HydroBIM 建模规范

HydroBIM 模型是项目信息交流和共享的中央数据库。在项目的开始阶段，就需要设计人员按照规范创建信息模型。在项目的生命周期中，通常需要创建多个模型，例如用于表现设计意图的初步设计模型，用于施工组织的施工模型和反映项目实际情况的竣工模型。随着项目的进展，所产生的项目信息越来越多，这就需要对前期创建的模型进行修改和更新，甚至重新创建，以保证当时的 HydroBIM 模型所集成的信息和正在增长的项目信息保持一致。因此，HydroBIM 模型的创建是一个动态的过程，贯穿项目实施的全过程，对 HydroBIM 的成功应用至关重要。

HydroBIM 模型必须按照符合工程要求的有序规则创建，才能将其真正称为工程数据 HydroBIM 模型，成为后续深层应用的完整有效的数据资源，在设计、施工、运维等建筑全生命周期的各个环节中发挥出其应有的价值。建模规范的具体内容应根据建模软件、项目阶段、业主要求、后续 HydroBIM 应用需求和目标等综合考虑制定。HydroBIM 建模应遵循以下准则：

（1）注意模型结构与组成的正确性与协调性。

（2）根据需要分阶段建模。

（3）根据各阶段的设计交付要求，采用对应的建模深度，避免过度建模或建模不足。

（4）建立构件命名规则。规范建筑、结构、机电的构件模型的命名对 HydroBIM 模型从设计、施工到运营全过程带来极大的便利。

（5）修改或更新模型时，保留构件的唯一标识符，会使记录模型版本以及跟踪模型更加容易。

（6）构件之间的空间关系规则。构件间的空间关系将影响构件的外观、数据统计等。

（7）构件的主要参数设置规则。约定不同建筑构件的主要参数设置规则不仅影响到构件自身的外观、统计，还会影响到构件间的关联关系及软件系统的自动识别能力。

（8）在各阶段建模时，限制使用构件属性的实际要求，避免过度使用属性而导致模型过于庞大和复杂，从而引起不必要的重新设计。

（9）模型构件按照标高分层创建，并合理分组，应区分类型构件和事件构件，以及区分通用信息和特定信息。

（10）避免产生不完整的构件或与其他构件没有关联的构件，并应避免使用重复和重叠的构件，输出 HydroBIM 模型前，应当使用建模软件或模型检查软件进行检查。

除此以外，还应遵循模型拆分原则、文件名命名规则、模型定位基点设置规则、轴网与标高定位规则等。

5.2.2 规划设计阶段

水电站设计涉及多个不同的专业，包括地质、水工、施工、建筑、机电等。JB 水电站项目首先由水工专业利用 Revit Architecture 进行土建模型的建模，然后建筑及机电专业（包括水力机械、通风、电气一次、电气二次、金属结构）在此 HydroBIM 模型的基础上，同时进行并行设计工作，完成各自专业的设计，最终形成 JB 水电站项目的 HydroBIM 设计工作。

1. 首部枢纽 HydroBIM 模型

建模范围包括挡水建筑物、泄水消能建筑物和沉沙池。水工专业设计人员使用 Revit Architecture 进行以上建筑物的三维体型建模。图 5.2 - 1 为利用 Revit Architecture 软件建立的 JB 水电站首部枢纽 HydroBIM 模型。

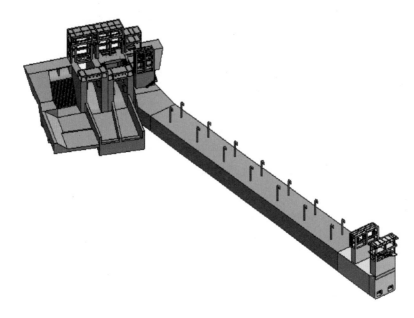

图 5.2-1 JB 水电站首部枢纽 HydroBIM 模型

2. 厂房 HydroBIM 模型

建筑专业设计人员使用 Revit Architecture 进行 JB 厂房 HydroBIM 模型的创建，在 JB 厂房模型中建立基础、筏基、挡土墙、混凝土柱梁、钢结构柱梁、楼板、剪力墙、隔间墙、帷幕墙、楼梯、门及窗等组件，再按照设计发包图建造 HydroBIM 模型。图 5.2-2 为使用 Revit 设计的 JB 厂房三维模型。

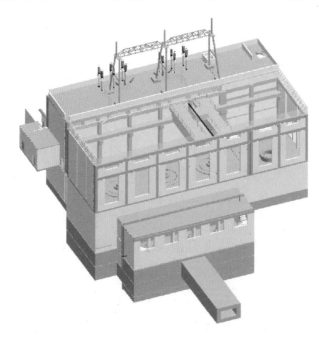

图 5.2-2 JB 厂房三维模型

（1）JB 厂房 HydroBIM 建模思路。JB 厂房模型设计按照标高分层分别为尾水底、厂房底、球阀层、水轮机层、发电机层、中控室层、会议及通信层、主厂房顶、上游副厂房顶等楼层，如图 5.2-3 所示。同时，JB 厂房模型设计按照区域分块，分别为供水设备室、尾水池、主厂房、安装间、开关柜室、GIS 厅、主变室、蓄电池室、继电保护盘室、中控室、油罐室、油处理室、油箱室、柴油发电机房、尾水渠等。

将区域分块和标高分层结合起来，有利于减少设计遗漏，使 HydroBIM 建模过程更加有条有理，并且避免了编辑作业造成的计算机无法负荷等情况，提高了设计时效。

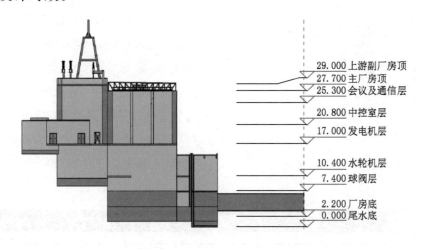

图 5.2-3 按不同标高分层的 JB 厂房侧视图（单位：m）

（2）厂房创建中"族"的应用。水电站厂房与民用建筑有些不同的技术要求，如空间结构、外观形式、建筑结构、空间尺度等。在水电站厂房中常常包含着一些特别的功能元素，如建筑结构或者机械设备，厂房内部的牛腿柱、屋面大梁、挡墙，可以利用软件中强大的模块化设计功能将其纳入标准化的专业构件"族"库中，"族"是 Revit 中使用的一个功能强大的概念，有助于更轻松地管理数据和进行修改。每个族图元能够在其内定义多种类型，根据设计的需要，每种类型可以具有不同的尺寸、形状、材质设置或其他参数变量。这样以后就可以摆脱这些重复性的基础工作，利用丰富的参数来控制族的变化。图 5.2-4 是创建的水电站厂房中的牛腿族。

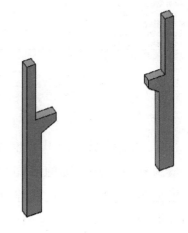

图 5.2-4 水电站厂房中的牛腿族

（3）出图成果整理。当建模过程完成后，

可以得到一系列的成果：任意的剖面设计图、任意角度的三维视图、相关材料的明细表、渲染图纸等。厂房的二维平面布置图，在三维设计中可以任意地截取剖面，最后再进行标注即可，图框可以生成特定的族来方便下一次的使用，其二维图纸可以转化成CAD二维图纸来使用。

（4）明细表的使用。Revit中明细表可以统计数量、材料的名称、体积、长度等，比如厂房下部水轮机层、尾水渠及汇流池部分，这部分的结构特殊，通常混凝土的用量计算比较麻烦，手算不准确，且不可能实时更新，但在Revit里将其整体用族来表达，并赋予材料名称，即可从明细表中提取出这部分特殊结构的体积，且会随着方案的变化而更新数值。图5.2-5和图5.2-6为墙明细表。

⟨墙明细表⟩				
A	B	C	D	E
功能	体积	族与类型	厚度	长度
外部	21.97 m³	基本墙：常规	300	6260
外部	17.58 m³	基本墙：常规	240	6260
外部	17.58 m³	基本墙：常规	240	6260
外部	17.58 m³	基本墙：常规	240	6260
外部	17.58 m³	基本墙：常规	240	6260
外部	14.88 m³	基本墙：常规	240	5300
外部	14.88 m³	基本墙：常规	240	5300
外部	18.53 m³	基本墙：常规	240	6260
外部	18.53 m³	基本墙：常规	240	6260
外部	18.53 m³	基本墙：常规	240	6260
外部	18.53 m³	基本墙：常规	240	6260
外部	15.30 m³	基本墙：常规	240	5300
外部	15.30 m³	基本墙：常规	240	5300
外部	24.99 m³	基本墙：常规	240	8900
外部	23.17 m³	基本墙：常规	240	8700
外部	15.41 m³	基本墙：常规	240	6260
外部	13.55 m³	基本墙：常规	240	5600
外部	11.50 m³	基本墙：常规	240	3415
外部	13.30 m³	基本墙：常规	240	3950
外部	15.27 m³	基本墙：常规	240	4535

图 5.2-5 墙明细表1

⟨墙明细表⟩						
A	B	C	D	E	F	G
族与类型	无连接高度	底部限制条件	底部偏移	顶部约束	顶部偏移	图像
基本墙：RC墙5	220	B3FL	0	直到标高：B2FL	-80	20110611042319.jpg
基本墙：RC墙5	220	B3FL	0	直到标高：B2FL	-80	
基本墙：RC墙5	220	B2FL	0	直到标高：B1FL	-80	
基本墙：RC墙5	220	B2FL	0	直到标高：B1FL	-80	
基本墙：RC墙50cm: 4						
基本墙：连续壁	1225	BS	0	直到标高：GL	0	
基本墙：连续壁	1225	BS	0	直到标高：GL	0	
基本墙：连续壁	1225	BS	0	直到标高：GL	0	
基本墙：连续壁	1225	BS	0	直到标高：GL	0	
基本墙：连续壁	1225	BS	0	直到标高：GL	0	
基本墙：连续壁	1225	BS	0	直到标高：GL	0	
基本墙：连续壁	1295	BS	0	直到标高：GL	70	
基本墙：连续壁	1225	BS	0	直到标高：GL	0	
基本墙：连续壁70cm: 9						

图 5.2-6 墙明细表2

3. 机电HydroBIM模型

（1）机电HydroBIM模型的种类。在HydroBIM模型的创建中，机电部分最为复杂，其种类的多样性以及形体的不规则性使得模型的创建周期相较厂房模型会长很多，因此机电HydroBIM模型的创建周期是HydroBIM模型创建周期的主线。JB机电HydroBIM模型种类繁多，按厂房区域划分，主厂房顶包含出线塔、电容式电压互感器（Capacitance Voltage Transformer,

CVT)、出线套管，主厂房包含主厂房桥机、球阀液压站、发电机、转轮、平水栅、调速器油压装置、球阀，安装间包含转轮、下机架、定子、转子，开关柜室包含母线电压变压器、开关柜，气体绝缘组合电器设备（Gas Insulated Switchgear，GIS）厅包含出线间隔断路器（Circuit Breaker，CB）、二次控制柜和电压互感器（Potential Transformer，PT），主变室包含主变风冷、主变中性点接地套装，中控室包含中控室控制台，油管室包含油桶、高效滤油装置、透平油净油机、移动油泵，供水设备室包含自动滤水器和单级单吸离心泵等。图 5.2-7 为主厂房机电设备，图 5.2-8 为主变风冷的参数信息图，图 5.2-9 为二次控制柜和电压互感器模型图。

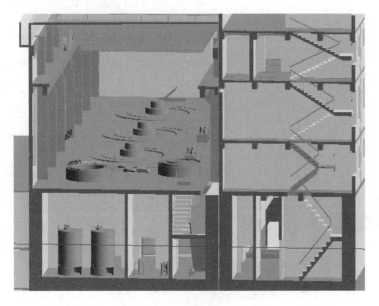

图 5.2-7　主厂房机电设备

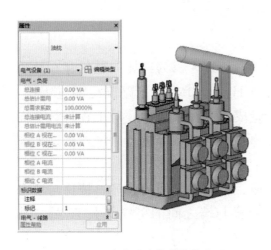

图 5.2-8　主变风冷的参数信息图

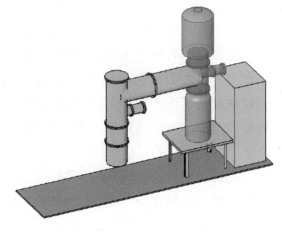

图 5.2-9　二次控制柜和电压互感器模型图

（2）机电 HydroBIM 模型的创建。机电 HydroBIM 模型种类多样、结构复杂，若厂房模型与机电模型在同一个模型中创建，将造成模型创建时间过长，影响整个 HydroBIM 流程的效率，Revit 中族的使用就很好地解决了这一问题。JB 机电 HydroBIM 模型均由族创建，创建完成后将其导入到项目当中。

模型导入完成后，为满足机电的功能要求，需在适当位置添加管道和预埋电线，将厂房和机电设备整合，整合完成后的机电模型可进行工作模拟和数值分析。自此，HydroBIM 模型创建完成。图 5.2－10 为 HydroBIM 模型创建完成图。

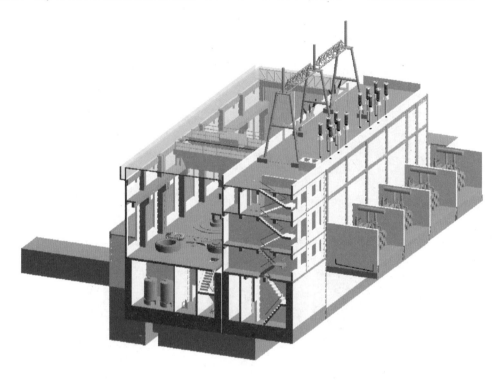

图 5.2－10　HydroBIM 模型创建完成图

4. 模型碰撞检测

在国内项目中，大多数都被碰撞的问题困扰过，因为碰撞问题的存在给项目带来了很大的影响和损失。在 JB 水电站 HydroBIM 模型碰撞检测过程中，有效地避免了返工损失，为业主节约了大量成本。在项目中，对工程进行全面的碰撞检查，对厂房的墙、常规模型、楼梯、电气设备等进行碰撞检查，如图 5.2－11 所示。

经过碰撞检查，发现墙与墙之间的碰撞、结构柱之间的碰撞、楼梯与墙之间的碰撞、机械设备与电气之间的碰撞、楼梯与墙之间的碰撞等共 75 处。冲突报告如图 5.2－12 所示。

有冲突的地方，三维视图中会高亮显示，显示为橘黄色，图 5.2－13 为发电机与混凝土外壳冲突的高亮显示，图 5.2－14 为楼梯与墙冲突的高亮显示。

图 5.2－11　碰撞检查　　　　　　　　　　图 5.2－12　冲突报告

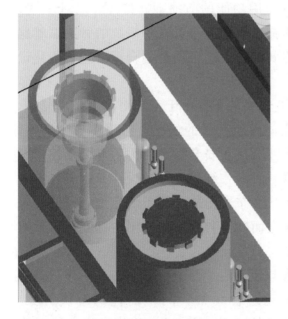

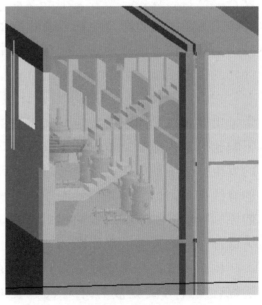

图 5.2－13　发电机与混凝土外壳之间的冲突图　　　图 5.2－14　楼梯与墙之间的冲突图

　　根据碰撞检查生成的报告，点击报告中的每一处冲突都会显示如图 5.2－13、图 5.2－14 所示的高亮显示，然后对每一处碰撞进行处理，直到解决掉所有的碰撞冲突，最终的碰撞检测结果为"未检测到冲突"（见图 5.2－15）。

　　碰撞检查在多专业协同设计中担当的是制约与平衡的角色，使多专业设计"求同存异"，这样随着设计的不断深入，定期地对 JB 工程多专业的设计进行协调审查，不断地解决设计过程中存在的冲突，使设计日趋完善与准确。这样，各专业设计的问题得以在图纸阶段解决，避免了在日后项目施工阶段的返工，可以有效缩短项目的建设周期和降低建设成本。

图 5.2 - 15 最终碰撞检测结果

5. 模型深化设计

深化设计是指在工程施工过程中对招标图纸或原施工图的补充与完善，使之成为可以现场实施的施工图。在 HydroBIM 模型中，对管线布置综合平衡进行了深化设计，将相关电器的专业施工图中的管线综合到一起，检测其中存在的施工交叉点或无法施工的部位，并在既不改变原设计的机电工程各系统的设备、材料、规格、型号又不改变原有使用功能的前提下，按照小管让大管，有压让无压的管道避让原则以及相应的施工原则，布置设备系统的管路。管路原则上只做位置的移动，不做功能上的调整，使之布局更趋合理，进行优化设计，既合理施工又可节省工程造价。

在 JB 项目的建筑工程项目设计中，管线的布置由于系统繁多、布局复杂，常常出现管线之间或管线与结构构件之间发生交叉的情况，给施工带来麻烦，影响建筑室内净高，造成返工或浪费，甚至存在安全隐患。为了避免上述情况的发生，传统的施工流程中通过深化设计时的二维管线综合设计来协调各专业的管线布置，但它只是将各专业的平面管线布置图进行简单的叠加，按照一定的原则确定各种系统管线的相对位置，进而确定各管线的原则性标高，再针对关键部位绘制局部的剖面图。

由于传统的二维管线综合设计存在以上不足，采用 BIM 技术进行三维管线综合设计方式就成为针对大型复杂建筑管线布置问题的优选解决方案。HydroBIM 模型的创建是对整个建筑设计的一次"预演"，建模的过程同时也是一次全面的"三维校审"的过程。在此过程中可发现大量隐藏在设计中的问题，这些问题往往不涉及规范，但跟专业配合紧密相关，或者属于空间高度上的冲突，在传统的单专业校审过程中很难被发现。与传统 2D 深化设计对比，BIM 技术在深化设计中的优势主要体现在以下几个方面：

（1）三维可视化、精确定位。传统的平面设计成果为一张张的平面图，并不直观，工程中的综合管线只有等工程完工后才能呈现出来，而采用三维可视化的 BIM 技术却可以使 JB 项目完工后的状貌在施工前就呈现出来，表达上直观清楚。模型均按真实尺度建模，传统表达予以省略的部分均得以展现，从而将一些看上去没问题，而实际上却存在的深层次问题暴露出来。最后，HydroBIM 模型通过一个综合协同的仿真数字化、可视化平台，让工程参建各方均能全面清楚地掌握项目进程，精确定位项目中存在的问题，从而避免了返工和工期延误损失。

（2）交叉检测、合理布局。传统的二维图纸往往不能全面反映个体、各专业各系统之间交叉的可能，同时由于二维设计的离散型为不可预见性，也将使设计人员疏漏掉一些管线交叉的问题。而利用 BIM 技术可以在管线综合平衡设计时，利用其交叉检测的功能，将交叉点尽早地反馈给设计人员，与业主、顾问进行及时的协调沟通，在深化设计阶段尽量减少现场的管线交叉和返工现象。这不仅能及时排除项目施工环节中可以遇到的交叉冲突，显著减少由此产生的变更申请单，更大大提高了施工现场的生产效率，降低了由于施工协调造成的成本增长和工期延误。图 5.2－16 为线路检测图。

（3）设备参数复核计算。在机电系统安装过程中，由于管线综合平衡设计，以及精装修调整会将部分管线的行进路线进行调整，由此增加或减少了部分管线的长度和弯头数量，这

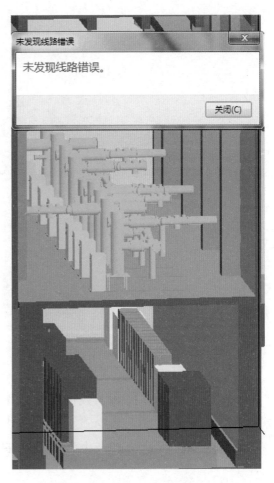

图 5.2－16　线路检测图

就会对原有的系统参数产生影响。传统深化设计过程中系统参数复核计算是拿着二维平面图在算，平面图与实际安装好的系统几乎都有较大的差别，导致计算结果不准确。偏大则会造成建设费用和能源的浪费，偏小则会造成系统不能正常工作。现在运用 BIM 技术后，JB 模型只需运用 BIM 软件进行简单的处理，就能自动完成复杂的计算工作。模型如有变化，计算结果也会关联更新，从而为设备参数的选型提供正确的依据。图 5.2－17 为 BIM 模型处理图。

利用 BIM 进行 JB 水电站的建模、检测、分析，不仅通过 3D 模拟技术实

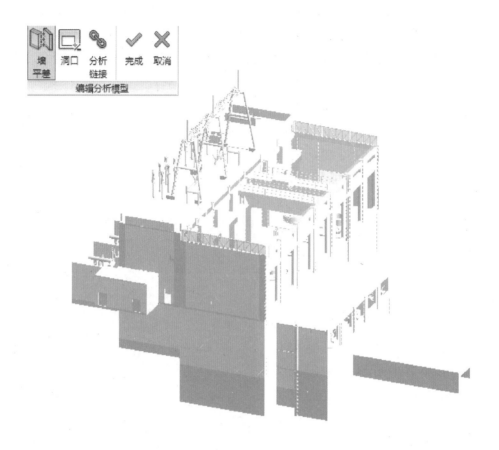

图 5.2-17　BIM 模型处理图

现了精确化设计，提高了数据传递效率，简化了设计变更过程，还会有效地提高后续安装的效率，减少施工过程中因返工造成的材料和劳动力浪费，对缩短工期、降低工程造价将产生积极的影响。

5.2.3　工程建设阶段

对于 JB 工程中的不同参与方在施工阶段各领域（进度、造价、质量、风险等）产生的其他大量信息，例如一个 3D 墙体可能是由厂房设计工程师创建的，施工分包商可能提供造价、进度、安全信息，暖通空调工程师提供热质量信息等，需要基于特定的数据存储标准（IFC 标准）对这些扩展信息进行描述，并将其与 BIM 模型中的元素进行关联，实现集成。规划设计阶段创建的3D 几何模型是基础信息模型，各类信息集成模型都是在基础模型的基础上进行集成与扩展的结果。

为了尽可能地发挥 BIM 信息模型在施工阶段的优势，经过充分研究和论证，确定采用 Revit 系列软件作为二次开发软件平台，选用 C♯语言进行基于

.NET 的编程工作（HydroBIM – EPC 信息管理系统的 C/S 模式部分），将 JB 工程施工过程中的各领域信息与 BIM 几何模型进行无缝链接（系统中主要实现了在基本信息模型的基础上附加进度和成本两大模块数据），生成 JB 工程 5D – BIM 施工信息模型，实现了 HydroBIM 模型信息的不断升值。

图 5.2 – 18 展示了利用 Revit 二次开发平台将 JB 工程施工进度信息以及相关的资源、过程与相关几何构件进行关联，从而构建 JB 工程 4D – BIM 时空模型。

图 5.2 – 18　构件关联进度信息

JB 工程 5D – BIM 模型即在 4D – BIM 模型的基础上直接对三维构件做工程成本信息的添加，并与相关的进度信息进行链接，保证了设计信息的完整和准确，同时也避免了重新建模过程中可能产生的人为错误，如图 5.2 – 19 所示。

"充值"成功后的 JB 工程 HydroBIM 模型主要应用于 HydroBIM – EPC 信息管理系统 BS 模式下的浏览器端，可以支持施工过程的可视化模拟以及施工进度、成本的动态管理和优化。

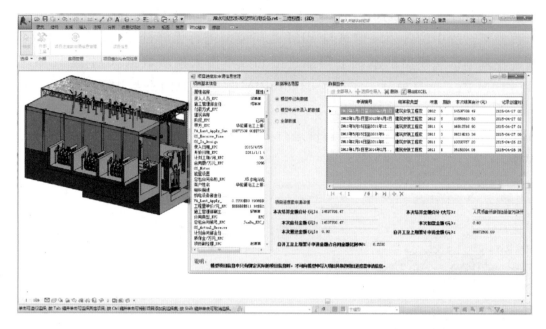

图 5.2 - 19　构件关联成本信息

5.3　HydroBIM - EPC 信息管理系统的应用实践

5.3.1　HydroBIM 管理

1. HydroBIM 协同平台

（1）HydroBIM 协同平台登陆。在 BIM Server 服务器上输入 JB 水电站项目的登录验证。当前 BIM Server 的身份验证通过服务器地址，以及提供内部用户身份验证的用户名和密码来验证（见图 5.3 - 1）。登录成功后平台显示 HydroBIM 项目列表信息。

图 5.3 - 1　系统登录验证

（2）HydroBIM 系统平台基本功能。HydroBIM 项目列表信息如图 5.3 - 2 所示。

图 5.3 - 2 HydroBIM 项目列表信息

进入 HydroBIM 协同平台后，即可通过平台独有的 UI 特性查阅与 JB 水电站项目相关的模型数据信息，如图 5.3 - 3 所示。

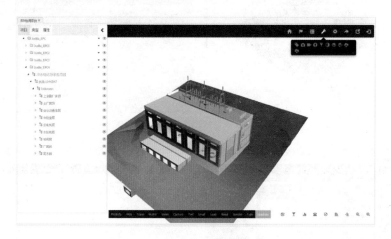

图 5.3 - 3 HydroBIM 协同平台用户界面

UI 的左侧是书签栏，服务器上的 HydroBIM 模型都具有一定的层次结构。例如，在 BIM Server 服务器有以下层次结构：项目—场地—建筑—建筑楼层。但是用户可能希望根据他们不同的要求定制模型结构，如用户可能希望在一个场地组织所有项目，即场地—项目—建筑—建筑楼层，等等。因此，BIM Server 应该支持灵活性定制模型结构。

此外，平台还提供一系列实用功能供用户更好地查看模型，如模型剖切、构件隐藏与显示、构件层移、背景设置、光源类型选择等，用户可以利用这些功能，根据自己的喜好和需要对模型进行查看，方便协同平台使用者的操作。图 5.3－4 为 HydroBIM 系统平台的实用功能展示。

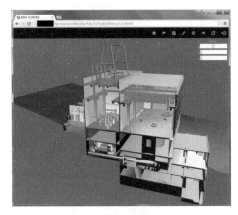

（a）HydroBIM模型剖切图

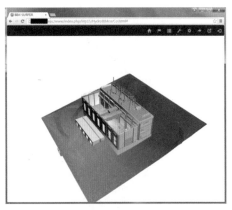

（b）厂房房顶隐藏

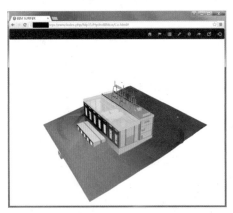

（c）厂房房顶透明查看

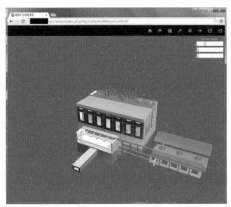

（d）相应构件平移

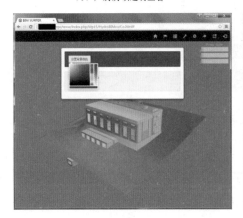

（e）设置背景

（f）构件过滤查看

图 5.3－4　HydroBIM 协同平台的实用功能

2. HydroBIM信息集成与查询

通过将Web服务器上的管理信息，与HydroBIM服务器中HydroBIM数据库的信息相融合，并与相关HydroBIM构件相关联，使HydroBIM模型能在不同平台上进行操作。由于HydroBIM模型中的每个构件（柱、墙、梁和板等）都有一个工程内唯一的标识（Global ID），而与这个构件相关的信息都通过这个Global ID进行聚集和索引，使用者即可通过选择构件来查阅构件相关的工程管理信息，以下列举几种常用信息的查询。

（1）项目基本信息查阅。HydroBIM模型不仅包含建筑物的应有信息，还能对整个项目进行查询。通过IFC标准中的IfcProject实体，将项目信息与Hydro-BIM模型结合起来，使用户能够实时掌握项目的总体建设情况。图5.3-5为JB水电站总承包项目基本信息。

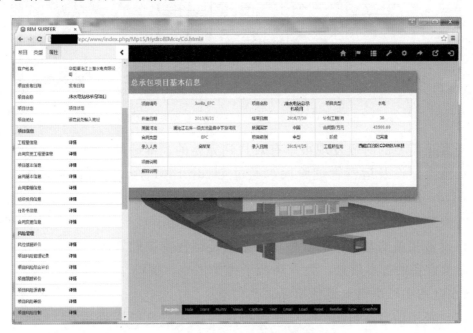

图5.3-5　JB水电站总承包项目基本信息

（2）设计图纸查阅。HydroBIM协同平台通过剖切功能形象地显示HydroBIM模型任意截面的详细信息，便于施工方建设。此外，系统将截面相关图纸与截面进行关联，使读图的施工人员能够结合三维HydroBIM模型与大量详细图纸进行读图，大大提高了读图效率和准确度，增加了设计的可施工性。图5.3-6为JB水电站主厂房中心线纵剖面图纸查阅。

（3）招标采购信息。设备基本信息包括设备的型号、生产厂家、安装时间等，这些信息在没有应用BIM技术之前也是存在的，只是以文本、图片或者电子文档等各种形式存在于不同的地方，所以这些信息通常是凌乱的、成堆

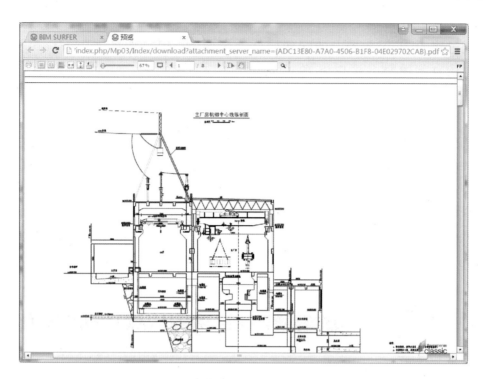

图 5.3-6　JB水电站机组中心线纵剖面图纸查阅

的，当真正需要的时候发现很难有效找到完整的、准确的信息。

在施工建设及运营管理阶段，通过 HydroBIM 平台，将设备基本信息存储于 HydroBIM 数据库中，并与 HydroBIM 模型对象完全对应。当设备基本信息与模型对象之间产生关联，意味着在 HydroBIM 模型中点击设备即可获取与该设备相关的基本信息，使用者尤其是运营维护的管理者能够通过简单操作，获得设备的基本信息，大大降低了维护成本，提高了管理效率。图 5.3-7 为 JB水电站主厂房机电设备招标采购信息。

（4）费用信息。HydroBIM 平台提供的费用信息包括两部分：一是项目级的统计分析信息；二是构件级的信息。

其中，项目级信息主要包括工程项目的到款统计信息、支付款统计信息、计划与实际支付差异对比分析以及赢得值分析等，如图 5.3-8～图 5.3-11 所示。通过实时更新、统计分析各种费用信息，并形象地以图表形式显示，使得各种费用组成结构一目了然，使 EPC 总承包商能精确地掌握项目费用的使用情况，及时作出决策；此外，HydroBIM 平台支持多种数据格式的导出，如 csv、Excel 等，并可根据用户自定义的表格样式输出各种报表，大大减轻了项目费用管理人员的工作强度，使得他们能将更多的精力投身于其他更需要他们的工作中去。

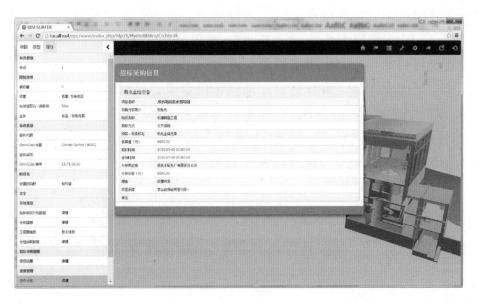

图 5.3-7 JB 水电站主厂房机电设备招标采购信息

图 5.3-8 项目到款统计信息

图 5.3-9 项目支付款统计信息

图 5.3-10 计划与实际支付差异对比分析

图 5.3-11 赢得值分析

构件级信息主要包括单耗分析、单耗定义、工程量支付统计等。在项目一开始，HydroBIM模型中实际成本数据主要以合同价和企业定额消耗量为依据；随着项目的进展，实际消耗量与企业定额消耗量会出现差异，此时需要根据实际消耗量作出调整。每月对设计消耗作出盘点，可调整实际成本数据、化整为零，对各个构件动态维护设计成本，形成整体费用数据，保证实际成本数据的准确性。另外，通过HydroBIM模型，很容易检查出哪些构件（部位）还没有实际成本数据，及时提醒，便于管理。图5.3-12为JB水电站主厂房尾水管实时单耗分析数据。

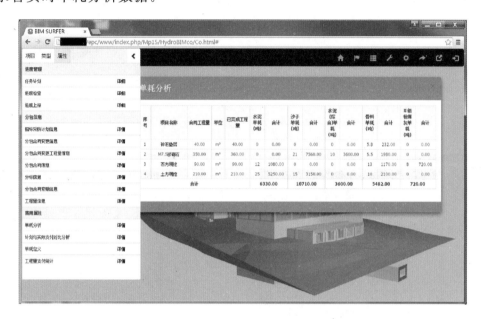

图5.3-12　JB水电站主厂房尾水管实时单耗分析数据

5.3.2　基于HydroBIM模型的5D模拟

Skyline，作为三维3D GIS领域的首选软件平台，对BIM的支持相对成熟。它的强大三维功能保证一些经典的业务应用功能的实现，如空间分析与联测、管线选线、地质数据接入、枢纽布置等，而施工设施管理等环节就需要接入BIM模型来实现，比如厂房的搭建、施工塔吊的模拟以及机电设备的装配，这种施工环节阶段引入BIM模型，可使工程周期管理更加完善。BIM模型材质带有时间、成本属性的特性，结合Skyline的工程周期模拟特性，可以模拟整个施工过程以及资源、成本的需求，提前暴露施工问题，减少不必要的经济损失。

（1）创建进度计划。系统提供了WBS工作结构分解和P6数据接口，实现了系统中WBS节点与P6任务节点相连接，同时还集成P6软件进度部分相关的功能，可进行进度计划的编制、更新，以及MS Project文件格式和P3文件格式的信息导入，方便用户快速编制合理的进度计划。图 5.3-13 为使用 P6 应用导入的 JB 水电站施工总进度计划。

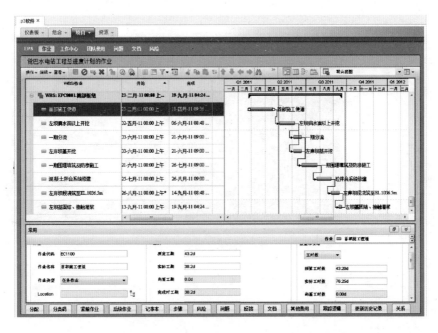

图 5.3-13　使用 P6 应用导入的 JB 水电站施工总进度计划

（2）创建 4D 模型。4D 模型的创建是将 3D 模型构件与进度计划相关联。系统通过将工程构件的 Global ID 与进度计划的任务相绑定，实现 3D 构件与进度计划信息的链接与集成。

系统提供了两种方式可快速建立 4D 关联，即用户通过系统提供的界面进行手动关联及系统自动关联。图 5.3-14 为 3D 构件与进度计划信息手动关联。

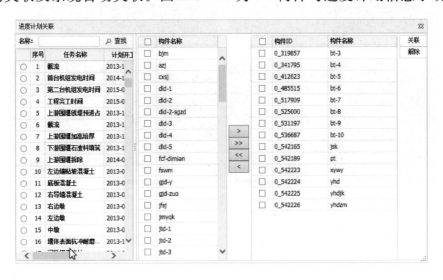

图 5.3-14　3D 构件与进度计划信息手动关联

（3）4D模拟。关联好的模型就能进行4D进度模拟。图5.3-15为4D模拟功能界面，图5.3-16为施工进度模拟过程图。

图 5.3-15 4D模拟功能界面

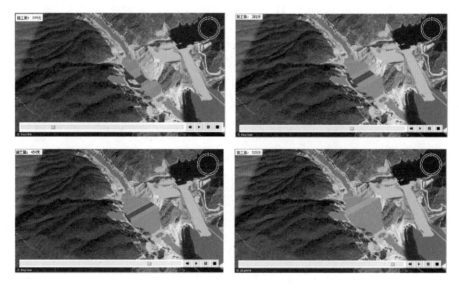

图 5.3-16 施工进度模拟过程图

在水利水电工程中，传统的方法虽然可以对工程项目前期阶段所制订的进度计划进行优化，但是因为自身存在着缺陷，所以项目管理者对进度计划的优化只能停留在一定程度上，即优化不充分，这就使得进度计划中可能存在某些没有被发现的问题，当这些问题在项目的施工阶段表现出来时，项目施工就会相当被动，往往这个时候，就只能根据现场情况被动的修改计划，使之与现场情况相符，失去了计划控制施工的意义。

基于 HydroBIM 的 4D 进度管理，其直观性、可视性和施工模拟的形象性、真实性，以及可以反复进行模拟的特性，可直接帮助施工进度计划编制人员省去审阅图纸和理解传统网络图等非必要的时间，同时排除对设计意图、施工流程和工序逻辑关系等理解错误所造成工期延误的可能性，减少错误信息传达的发生概率，让那些在施工阶段可能出现的问题在模拟的环境中提前发生，逐一修改，并提前制定应对措施，使进度计划和施工方案最优，缩短施工前期的准备时间，使得工作效率和准确性有明显的提升，进一步保证施工进度和质量，从而完成项目既定目标。

（4）5D 模拟。基于 HydroBIM 的 5D 模型是在 4D 模型的基础上加入成本维度形成的数据模型，包含了建筑工程的实体数据和进度、成本、时间等信息，真正实现透明地反映项目实施流程，增加施工过程中成本信息的透明度，实现项目的精细化管理，是实现成本事中控制的基础。图 5.3 - 17 为进度资源成本模拟。

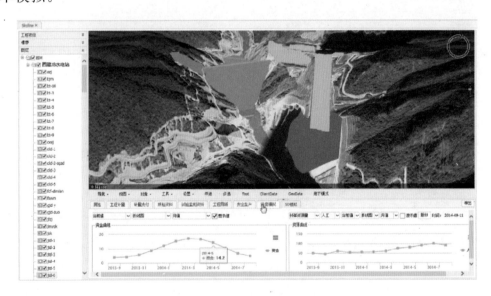

图 5.3 - 17　进度资源成本模拟

5.3.3　基于 HydroBIM 的项目综合管理

1. 项目策划管理

项目策划管理功能用于建设管理部组建申请管理、建设管理部经理班子管理、建设管理部二级机构及负责人管理、总承包项目工作任务书管理、项目实施规划管理、工程分标方案管理、年度招标采购计划管理、进度策划管理、项目策划书管理等。图 5.3 - 18 为 JB 水电站年度招标计划策划详情页面。

图 5.3 - 18 JB 水电站年度招标计划策划详情页面

2. 信息资料录入

信息资料录入功能用于录入工程月报、建管简报、安全月报、项目营收、节能减排信息以及工程实物量统计信息等。图 5.3 - 19 为 JB 水电站节能减排信息填报页面。

图 5.3 - 19 JB 水电站节能减排信息填报页面

3. 资源管理

资源管理功能用于人力资源信息、车辆信息、工程设备信息以及办公设备信息的管理，可以查看其他人力资源（指除建设管理部领导以及二级机构领导之外的建设管理部其他人力资源）信息、正式员工基本信息、外聘人员新增离职信息、外聘人员工资发放及统计信息，车辆设备的明细、调拨、维修、报废等信息。图 5.3-20 为 JB 建设管理部经理班子及其他人力资源信息。

图 5.3-20　JB 建设管理部经理班子及其他人力资源信息

4. 安全生产与职业健康管理

安全生产与职业健康管理功能用于职业健康安全规定管理、安全生产费用管理、安全隐患管理、职业健康安全日常信息报送和职业健康安全检查整改，可以查看职业健康安全规章制度和报告、安全生产支出预算、安全生产费用的投入及使用统计、安全隐患统计信息、企业职工伤亡事故统计、车辆及驾驶员情况统计、工程项目分包统计、特种作业人员统计、特种设备统计，以及项目职业健康安全检查记录及整改信息。图 5.3-21 为 JB 水电站安全生产支出预算基本信息。

图 5.3-21　JB 水电站安全生产支出预算基本信息

5. 环境管理

环境管理功能用于环保策划、环境运行控制、环境检查与监测、相关法规管理、应急准备与响应，可以查看工程环境影响因素信息、工程环境保护计划、设计产品的评价、国家强制性淘汰产品清单、分包商环保计划、现场环境检查报告、环境问题整改及复查信息、相关环境法律法规、突发环境问题的应急预案。图5.3-22为JB水电站应急预案管理示例。

图5.3-22 JB水电站应急预案管理示例

6. 风险管理

风险管理功能用于统计风险分析，可以查看风险源清单、项目的跟踪评价记录、项目标书及合同评审记录、项目的风险综合评价等级、风险措施、风险控制效果、风险再评估等级等。图5.3-23为JB水电站风险综合评价等级。

图5.3-23 JB水电站风险综合评价等级

7. 试运行管理

试运行管理功能用于水电站进入试运行阶段时数据录入与统计，可查看试运行培训计划、培训计划的考评结果、机组启动验收委员会成员的信息、下闸蓄水验收信息、试运行大纲信息、工作报告审批信息、操作票和工作票信息，以及工程设备移交的资料信息。图 5.3 - 24 为 JB 水电站试运行机电设备操作员培训结果。

图 5.3 - 24　JB 水电站试运行机电设备操作员培训结果

8. OA 办公

工作任务的审批以及公文的处理主要针对个人及部门间 OA 协同办公。其主要功能包括待办任务处理、部门新闻查看、公文发布处理等功能，可以实现部门间的无纸化协同办公。图 5.3 - 25 为待办任务列表信息。

当前任务	流程	任务来自	时间	项目
提出退岗申请	外聘人员离职流程	潘某	2015-06-30 22:14:35	HGS水电工程项目
项目经理审核	外聘人员离职流程	潘某	2015-06-30 19:50:51	西藏JB水电站
项目经理审核	外聘人员离职流程	潘某	2015-06-30 19:46:10	西藏JB水电站
项目经理审核	外聘人员离职流程	潘某	2015-06-30 19:36:48	西藏JB水电站
建设管理部合同负责人校核	总承包合同索赔审批流程	邱某某	2014-12-20 10:21:14	XX水电站项目
建设管理部合同负责人校核	总承包项目合同变更审批流程	邱某某	2014-12-20 10:01:54	XX水电站项目
施工管理部审查	工程重要部位专项检测审查流程	陈某	2014-12-18 16:26:02	XX水电站项目
项目经理签字	总承包项目车辆配置流程	潘某	2014-12-01 11:14:42	西藏JB水电站
项目经理签字	总承包项目车辆配置流程	潘某	2014-12-01 11:06:12	西藏JB水电站
录入人员确认项目分标方案的录入通知	总承包项目工作任务书下达流程	邱某某	2014-11-30 00:13:09	XX水电站项目

图 5.3 - 25　待办任务列表信息

第 6 章

总 结 与 展 望

6.1 总结

水利水电工程是一项庞大且复杂的系统工程，其项目管理涉及利益相关方的众多专业和部门。传统的 DBB 管理模式生产效率较低，已经不能满足建设单位的需求，也不利于水利水电行业的信息化建设。本书将 HydroBIM 理念引入到水利水电工程 EPC 总承包管理中，不仅解决了传统水利水电工程项目管理模式中存在的漏洞，而且在工程目标造价、进度和质量管理中均起到巨大的作用。通过对 HydroBIM - EPC 总承包管理模式的研究，阐述其在设计阶段、招标采购阶段、工程建设阶段巨大的价值驱动作用。同时，基于 B/S 架构开发了 HydroBIM - EPC 项目管理系统，系统以信息化网络为平台，以 HydroBIM 为核心，集成了项目管理、进度管理、费用管理等多方面管理内容，实现了 HydroBIM 与 EPC 管理的有机结合，提高了工程项目精细化管理水平。最后，通过 JB 水电站 EPC 总承包的应用实践，具体阐述了 EPC 总承包管理模式以及 HydroBIM - EPC 信息管理系统在水电工程建设中的应用，并总结了 EPC 总承包管理模式在提升项目管理水平、缩短项目工期、降低投资费用、提高工程质量等方面的优势。

综上所述，基于 HydroBIM - EPC 技术的水利水电工程总承包管理模式在工程进度、投资、质量、安全、环境等方面有着巨大的优势，不仅使得设计、施工、采购相互协调，深度交叉作业，有效地缩短建设周期，而且提高了设计效益，减少了施工过程的变更，有效地将费用控制在项目预算内，提高了项目投资的经济效益，在提升我国水利水电项目管理技术水平的同时，也为后续水利水电项目工程管理提供了重要的技术支撑和借鉴。

6.2 展望

现阶段 HydroBIM - EPC 技术虽然在平台搭建与模型研究等方面取得了一

定的成就，但是还不够完善，未来仍需根据行业自身的特点，对存在的问题进行一定的改进，从而推动 HydroBIM - EPC 技术的进一步发展。主要应做到以下几点：

（1）HydroBIM - EPC 工程建设管理模式与智能化集成技术体系的深度融合。水利水电工程施工建设过程中现场的管理十分复杂，不仅涉及现场实时数据的采集，还涉及现场各类施工资源的实时定位与感知，现场环境的监测感知等。而由于施工现场环境的恶劣，往往难以全面地对现场实施控制。未来"BIM+"的集成技术体系为上述问题的解决提供了可能。在今后的研究中应加强 BIM 与贴近倾斜摄影、3D 激光扫描、智能全站仪、RFID 等技术的集成应用。

（2）基于 HydroBIM - EPC 的数字孪生体的搭建。数字孪生技术指充分收集建筑、模型和运行参数等实时数据，集成多维、多角度、多领域、多学科的仿真过程，通过虚拟仿真实现信息映射，从而反馈实体建筑全生命周期信息的过程。数字孪生技术在某种意义上是对实体的克隆，以实体的物理参数为基础，通过多种传感器获取实体的实时信息，并基于实体的历史数据分析结果驱动数字模型的变化。未来应将动态生长的 HydroBIM 模型和 EPC 管控信息与数字化驱动转变技术相融合，构建由物理实体、数字空间和数字纽带组成的具有虚实交互、智能干预和精准映射等特点的数字孪生体，并凭借 AI 算法进行调度优化和智能调节，辅助 HydroBIM - EPC 建设管理过程的动态集成化综合管控。

（3）风险评价标准的量化研究。当前构建的 HydroBIM 风险管理体系更多的是从风险管理理论的角度出发展开分析确立的，对各影响因素的层次排序和灵敏度分析还不够清晰，针对影响大和敏感性强的因素，在风险因素的存在对目标造成的影响方面还需进一步深化分析，在定量化的风险评价标准方面的研究将是未来的重点方向。

（4）健全管理体系，培育优秀人才。在 HydroBIM - EPC 工程建设项目管理中，设计单位应设置健全的组织结构，完善相应的质量、进度等管理体系，做到责、权、利分明；HydroBIM - EPC 项目应加大人才队伍建设力度，培育优秀的综合性人才，并建立人才数据库，做到人尽其才，物尽其用。

参 考 文 献

蔡绍宽，2008. 水电工程 EPC 总承包项目管理的理论与实践 [J]. 天津大学学报，41 (9)：1091-1095.

蔡绍宽，2011. 水电工程 EPC 总承包项目管理理论与实践 [M]. 北京：中国水利水电出版社.

陈建，2012. EPC 工程总承包项目过程集成管理研究 [D]. 长沙：中南大学.

陈映，2007. 以专业设计院为龙头的 EPC 工程总承包管理模式研究 [D]. 武汉：武汉理工大学.

高浪，2014. 基于 BIM 技术的 EPC 项目成本的动态控制 [D]. 西安：长安大学.

葛清，何关培，2011. BIM 第一维度：项目不同阶段的 BIM 应用 [M]. 北京：中国建筑工业出版社.

葛文兰，2011. BIM 第二维度：项目不同参与方的 BIM 应用 [M]. 北京：中国建筑工业出版社.

郭新辉，2010. 浅谈如何做好 EPC 总承包项目的进度管理 [J]. 科协论坛，(5)：131-132.

何关培，2011. BIM 总论 [M]. 北京：中国建筑工业出版社.

何关培，李刚，2011. 那个叫 BIM 的东西究竟是什么 [M]. 北京：中国建筑工业出版社.

贺灵童，2013. BIM 在全球的应用现状 [J]. 工程质量，(3)：12-19.

黄锰钢，王鹏翊，2013. BIM 在施工总承包项目管理中的应用价值探索 [J]. 土木建筑工程信息技术，(5)：88-91.

金莉，2017. A 水电站工程设计项目质量管理研究 [D]. 大连：大连理工大学.

雷斌，2013. EPC 模式下总承包商精细化管理体系构建研究 [D]. 重庆：重庆交通大学.

李兵，2006. 企业项目管理（EPM）的组织结构研究 [D]. 成都：四川大学.

李洪娟，2020. 浅析水利水电工程管理中存在的问题及对策 [J]. 水电站机电技术，43 (11)：209-210.

李辉山，雒倩倩，2020. 我国建筑业推行 EPC 模式制约因素分析 [J]. 建筑经济，41 (10)：13-19.

李久林，王勇，2014. 大型施工总承包工程的 BIM 应用探索 [J]. 土木建筑工程信息技术，(5)：61-65.

李宁，2012. 基于 BIM 与 IFC 的混凝土坝施工仿真信息模型构建方法研究 [D]. 天津：天津大学.

李岩，2009. 工程总承包企业项目信息集成管理方案研究与实践 [D]. 上海：复旦大学.

廖惠，2018. EPC 模式下装配式建筑的成本控制研究 [D]. 成都：西南交通大学.

刘立明，李宏芬，张宏南，等，2014. 基于 BIM 的项目 5D 协同管理平台应用实例：RIB-
　　iTWO 系统应用介绍［J］. 城市住宅，(8)：47-51.

陆秋虹，2011. EPC 工程总承包企业运行及管理研究［M］. 北京：中国建筑工业出
　　版社.

马洪琪，钟登华，张宗亮，等，2011. 重大水利水电工程施工实时控制关键技术及其工程
　　应用［J］. 中国工程科学，(12)：20-27.

欧阳东，2013. BIM 技术：第二次建筑设计革命［M］. 北京：中国建筑工业出版社.

清华大学 BIM 课题组，2011. 中国建筑信息模型标准框架研究［M］. 北京：中国建筑工
　　业出版社.

清华大学 BIM 课题组，互联立方公司 BIM 课题组，2011. 设计企业 BIM 实施标准指南
　　［M］. 北京：中国建筑工业出版社.

荣世立，2018. 改革开放 40 年我国工程总承包发展回顾与思考［J］. 中国勘察设计，
　　(12)：26-30.

桑培东，肖立周，李春燕，2012. BIM 在设计-施工一体化中的应用［J］. 施工技术，41
　　(16)：25-26，106.

施静华，2014. BIM 应用：EPC 项目管理总集成化的新途径［J］. 国际经济合作，(2)：
　　62-66.

宋旭东，2014. 对水电工程项目管理模式的分析［J］. 科技创新导报，(19)：180-181.

孙世辉，郑兆信. 2017. 水电工程总承包项目管理信息化方案研究［J］. 水力发电，43
　　(11)：102-107.

王珩玮，胡振中，林佳瑞，等，2013. 面向 Web 的 BIM 三维浏览与信息管理［J］. 土木
　　建筑工程信息技术，5 (3)：1-7.

王珺，2011. BIM 理念及 BIM 软件在建设项目中的应用研究［D］. 成都：西南交通
　　大学.

王铁钢，2017. EPC 总承包模式实施效果评价与对策［J］. 华侨大学学报（自然科学
　　版），38 (2)：169-174.

吴云良，2011. 水电工程 EPC 管理模式研究［D］. 杨凌：西北农林科技大学.

武菲菲，鲁航线，2015. EPC 工程总承包项目运作模式及其适用性研究［J］. 东南大学
　　学报（哲学社会科学版），17 (S1)：65-66.

杨敏，任红林，2004. 土木工程信息化战略及其实施构架［J］. 同济大学学报（自然科学
　　版），(3)：302-306.

张建平，曹铭，张洋，2005. 基于 IFC 标准和工程信息模型的建筑施工 4D 管理系统
　　［J］. 工程力学（S1）：220-227.

张建平，余芳强，李丁，2012. 面向建筑全生命期的集成 BIM 建模技术研究［J］. 土木
　　建筑工程信息技术，(1)：6-14.

张锦祥. 2008，基于 B/S 模式的数据库服务器安全实现［J］. 浙江教育学院学报，(5)：
　　64-68.

郑聪，2012. 基于 BIM 的建筑集成化设计研究［D］. 长沙：中南大学.

郑确，2015. EPC 总承包模式对水电开发业主影响的研究［D］. 北京：清华大学.

钟登华，崔博，蔡绍宽，2010. 面向 EPC 总承包商的水电工程建设项目信息集成管理[J]. 水力发电学报，(1)：114－119.

周越飞，2011. 上海现代建筑设计（集团）有限公司拓展"EPC 业务模式"的战略研究[D]. 上海：复旦大学.

DIXIT V，CHAUDHURI A，SRIVASTAVA R K，2018. Procurement scheduling in engineer procure construct projects：a comparison of three fuzzy modelling approaches[J]. Intenational Journal of Construction Management，18 (3)：189－206.

DU L，TANG W，LIU C，et al.，2016. Enhancing engineer－procure－construct project performance by partnering in international markets：Perspective from Chinese construction companies [J]. International Journal of Project Management，34 (1)：30－43.

EDWIN T BROWN，2012. Risk assessment and management in underground rock engineering—an overview [J]. Journal of Rock Mechanics and Geotechnical Engineering，4 (3)：193－204.

HOWRAD M，2016. Understanding and Negotiating EPC Contracts [M]. Ashgate.

IFC Solutions Factory. The Model View Definition Site [EB/OL] (2016－12－11) [2022－12－12]. http：//www. blis－project. org/IAI－MVD/reporting/listMVDs.

LYONS T，SKITMORE M，2004. Project risk management in the Queensland engineering construction industry：a survey [J]. International Journal of Project Management，22 (1)：51－61.

KRAMER S R，MEINHART P E，2004. Alternative contract and delivery methods for pipeline and trenchless projects [C]. Pipeline Division Specialty Congress：1－10.

ZHANG Q，TANG W，LIU J，et al，2018. Improving design performance by alliance between contractors and designers in international hydropower EPC projects from the perspective of Chinese construction companies [J]. Sustainability，10 (4)：1171.

索　引

《水利水电工程信息化 BIM 丛书》
编辑出版人员名单

总责任编辑：王　丽　黄会明

副总责任编辑：刘向杰　刘　巍　冯红春

项目负责人：刘　巍　冯红春

项目组成人员：宋　晓　王海琴　任书杰　张　晓
　　　　　　　邹　静　李丽辉　郝　英　夏　爽
　　　　　　　范冬阳　李　哲　石金龙　郭子君

《HydroBIM－EPC 总承包项目管理》

责任编辑：冯红春

审稿编辑：冯红春　柯尊斌　孙春亮　刘　巍

封面设计：李　菲

版式设计：吴建军　郭会东　孙　静

责任校对：梁晓静　张伟娜

责任印制：焦　岩　冯　强